ASTRONOMISCHE MINIATUREN

VON

ELIS STRÖMGREN

AUS DEM SCHWEDISCHEN ÜBERSETZT VON
K. F. BOTTLINGER

MIT 14 ABBILDUNGEN

SPRINGER-VERLAG BERLIN HEIDELBERG GMBH
1922

ISBN 978-3-642-89274-5   ISBN 978-3-642-91130-9 (eBook)
DOI 10.1007/978-3-642-91130-9

HERRN GEHEIMRAT

HUGO VON SEELIGER

EINEM DER BEGRÜNDER
DER MODERNEN STELLARASTRONOMIE
EIGNET DIES BÜCHLEIN ZU
DER VERFASSER

Vorwort.

Der Anlaß zur Herausgabe dieses kleinen Buches war der Wunsch, einen größeren Leserkreis für die wunderbaren Errungenschaften der Stellarastronomie (Fixsternkunde) der Gegenwart zu interessieren. Es war meine Absicht, das Buch derart zu gestalten, daß es als Grundlage für weitere Studien dienen kann und nicht nur ein flüchtiges, vorübergehendes Interesse für den erhabenen Gegenstand, den es behandelt, wecken soll. So habe ich mich besonders bemüht, exakte Begriffsbestimmungen zu geben. Die zwei Artikel unter der Überschrift: „Fundamentalbegriffe der modernen Stellarastronomie" dürften von diesem Gesichtspunkt aus für alle von Nutzen sein, die mit der stellarastronomischen Forschung unserer Tage Fühlung nehmen wollen.

Außer den stellarastronomischen Aufsätzen enthält das Büchlein einen Artikel über die Kometen, ihre Bahnen, Natur und Ursprung sowie einen kurzen Artikel über ein Kalenderproblem, das von allgemeinem Interesse ist.

Ein tieferes Eindringen in die Materie wird etwa durch folgende Werke ermöglicht:

Newcomb-Engelmann. Populäre Astronomie. VI. Auflage, 1921, ferner durch die Artikel „Physik der Sonne" von *Pringsheim*, „Physik der Fixsterne" von *Guthnick* und „Das Sternsystem" von *Kobold* in „Kultur der Gegenwart", Band: Astronomie.

Kopenhagen, im Juni 1921.

Elis Strömgren.

Inhaltsverzeichnis.

Die Stellung des Menschen im Weltall.

„In den alten Zeiten, als das Wünschen noch half", wie es im Märchen heißt, glaubte man, das Weltall sei ein geschlossenes System und die Erde der Mittelpunkt des Universums. Heutzutage wissen wir, daß unsere Erde im Weltall wie ein Sandkorn im Meere ist, ja weniger als das: Die Sandkörner lassen sich zählen — wenn einer die Zeit dazu hat — aber für die Zahl der Himmelskörper können wir keine Grenze angeben, uns nicht einmal eine solche denken.

Inwieweit dieser Gedanke von der Unendlichkeit des Weltalls dem einzelnen positive Lebenswerte schenken kann, bleibt Gefühlssache. Für manchen ist dieser Gedanke vom Übel, aber jeder, für den die Erkenntnis stets ein höheres Recht hat als das persönliche Glücksbedürfnis, und der deshalb, wo diese beiden zu kollidieren scheinen, das Forschungsresultat rückhaltlos anerkennt, für den ist es nicht schwer, die Frage der Unendlichkeit des Weltalls sich derart zurechtzulegen, daß er dabei Ruhe und Befriedigung findet.

Vor einigen Jahren bekam eine amerikanische Sternwarte eines schönen Tages Besuch von einem bekannten Politiker. Es war in den Tagen des Wahlkampfes zwischen Bryan und Taft. Der Besucher ließ die Sternenpracht im Fernrohr an sich vorüberziehen und hörte nachdenklich zu, was ihm der Astronom dazu berichtete. Nach Schluß der Demonstration fragte er: „Sind nun wirklich all diese Millionen Sterne Sonnen wie die unsere?" „Ja", antwortete der Astronom. „Und diese Sterne haben, ganz wie unsere Sonne, Planeten, die um sie kreisen?" „Ja." „Und diese Planeten sind bewohnt?" „Wir können das nicht beweisen, aber es ist sehr wohl möglich, daß das der Fall ist." Der Politiker schwieg einen Augenblick nachdenklich still. Dann sagte er: „Es ist schließlich furchtbar gleichgültig, ob Bryan oder Taft gewählt wird!"

Die kleine Geschichte ist ganz nett, und ihr Sinn ist, daß das Wissen um die Unendlichkeit der Welt uns Menschen über viele Schwierigkeiten hinweghelfen kann.

Wir wollen in diesem kleinen Buch unsere Kenntnisse desjenigen Teiles der Fixsternwelt von verschiedenen Seiten beleuchten, der uns hinreichend nahe ist, um der Untersuchung mit den modernen astronomischen Hilfsmitteln zugänglich zu sein. Das meiste, was wir hierüber wissen, stammt aus den allerletzten Jahrzehnten. Die erste zuverlässige Entfernungsbestimmung eines Fixsternes wurde 1830 vorgenommen. Erst gegen Ende des vorigen Jahrhunderts aber begann sich dieser Zweig der Astronomie stark zu entwickeln, und das gleiche gilt von der Spektralanalyse, deren Verwendung geradezu eine Umwälzung in der Astronomie hervorgerufen hat.

Wenn auch die Größe eines astronomischen Problems nicht zu den Entfernungen und Dimensionen, mit denen dasselbe arbeitet, in direktem Verhältnis steht, so ist doch die gewaltige Erweiterung des astronomischen Horizontes, die in der modernen stellarastronomischen Forschung liegt, einleuchtend. Jahrtausende war das Studium der Himmelskörper unseres eigenen Sonnensystems das Hauptproblem der Astronomie. Aber wer die astronomische Literatur der Gegenwart verfolgt, weiß, daß die Fixsternastronomie nunmehr die Hauptrolle in der astronomischen Forschung spielt. Noch ist man in den Kreisen der Liebhaberastronomen mit diesem Zweig, der modernen Stellarastronomie, wenig vertraut. Noch handeln die meisten Probleme, die den Laien interessieren, von den Himmelskörpern unseres Sonnensystems: vom Mond, den Marskanälen, den Venusphasen, von den Möglichkeiten, den Merkur zu beobachten, und ähnlichen Fragen, die mehr oder weniger lokale Phänomene betreffen. Aber die Zeit liegt sicher nicht mehr fern, wo auch das Interesse eines größeren Kreises für die Wunder der Fixsternwelt zu vollem Leben erwachen wird.

Wir sprechen im folgenden von den Fixsternen, von der Milchstraße und von fremden Milchstraßensystemen. In den unzähligen Sternmengen, unübersehbaren Zeiträumen und unbegrenzten Entfernungen der modernen Fixsternforschung liegen reiche Schätze verborgen für jeden, dem ein Naturfühlen möglich ist, auch wenn es von einer ganz anderen Art ist als das traditionelle, sozusagen irdische Naturerleben.

Die Freude des modernen Menschen an der Schönheit der Natur besteht im ästhetischen Genuß der Lebenskräfte, der Formbildungen und des Farbenspiels auf unserer Erde. Das Naturgefühl, das auf astronomischem Boden erwachsen kann, ist anderer Art: Die unerhörten Zeiträume, im Verhältnis zu denen das Leben und Streben des Einzelmenschen wie des ganzen Menschengeschlechts in ein Nichts zusammenschrumpft, und die Entfernungen im Weltraume, gegen die jedes irdische Maß verschwindet.

Dieses kosmische Naturgefühl ist nicht von gestern, aber es gewinnt in unseren Tagen immer mehr die Möglichkeit, feste Formen anzunehmen, nachdem unsere Kenntnis von den astronomischen Zeit- und Raumdimensionen immer sicherere Grundlagen erhält, und nachdem die Entdeckung von Millionen und aber Millionen neuer Himmelskörper uns die relative Bedeutungslosigkeit der Erde im Weltraum immer unerbittlicher vor Augen stellt.

Welche Stellung der Mensch nun einnimmt, wenn er in dieser Weise sozusagen von außerhalb, von der Unendlichkeit des Raumes und der Zeit her gesehen wird, ist eine schwierige und ernste Frage, und es läßt sich nicht leugnen, daß ein Gemüt, das empfänglich für die Schönheiten des Sternhimmels ist und das diese Schönheiten im Lichte der modernen astronomischen Forschung sieht, leicht von einem Gefühl der eigenen Kleinheit ergriffen werden kann, das ihn nur mit Resignation auf die Frage nach der Bedeutung des Menschen und dessen Stellung im Weltall blicken läßt.

Die Kometen, ihre Bahnen, Natur und Ursprung.

Die Entfernung der Sonne von der Erde ist 12 000 mal so groß als der Durchmesser der ganzen Erde — mit anderen Worten: Die Entfernung Erde—Sonne beträgt ungefähr 150 000 000 km.

Denken wir uns diese Entfernung etwas mehr als 200 000-fach, so kommen wir auf die Strecke, die in der modernen Fixsternastronomie als Entfernungseinheit benutzt wird. Diese Einheit hat den Namen Parsec erhalten. Weshalb sie diesen sonderbaren Namen führt, werden wir in einem späteren Kapitel erklären.

Der uns nächste bekannte Fixstern befindet sich in einer Entfernung von etwas mehr als einem Parsec — und dies wäre die allererste Station auf einer Reise in die Fixsternwelt. Unser erstes Bild (S. 6) zeigt uns einen kugelförmigen Sternhaufen. Von solchen Sternhaufen gibt es in unserem Milchstraßensystem eine große Zahl. Es ist gelungen, ihre Entfernungen abzuschätzen, und wir gelangen dabei zu Zehntausenden von Parsec. Und gehen wir gar zu den Sterngebilden — Spiralnebeln — die wahrscheinlich (oder möglicherweise) Systeme der gleichen Art wie unser Milchstraßensystem sind, so müssen wir auch für die allernächsten mit Hunderttausenden von Parsec rechnen.

Der Erddurchmesser auf der einen und das $2^1/_2$ Milliarden mal so große Parsec auf der anderen Seite, diese beiden Begriffe charakterisieren den Unterschied zwischen der älteren Astronomie, die sich hauptsächlich mit den Größenverhältnissen und vor allem den B e w e g u n g e n des Sonnensystems befaßte, und der modernen Stellarastronomie (Fixsternkunde), die sich mit der Beschaffenheit, Entfernung und

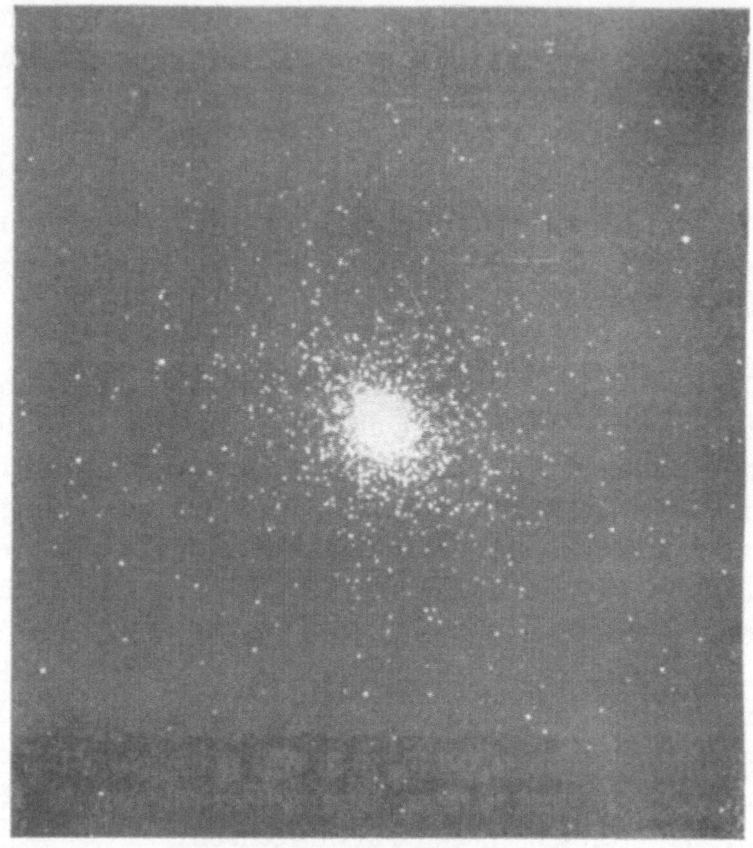

Abb. 1. Kugelförmiger Sternhaufe n.

Bewegung der Fixsterne, Sternhaufen und der ganzen Milchstraße befaßt.

* * *

Es gab eine Zeit, da man glaubte, die Fixsterne seien auf eine feste Kugelschale verstreut, ohne daß man sich eine bestimmte Vorstellung von der Größe dieser Kugelschale machte.

Nur für die Sonne, den Mond und die Planeten machte man sich bestimmte Vorstellungen über ihre Anordnung und Bewegungen im Raum. Nach und nach, und nach mancherlei Irrwegen führten diese Vorstellungen zum Kopernikanischen System: die Sonne in der Mitte, die Planeten in nahezu kreisrunden Bahnen um diese, und die Monde in nahezu kreisrunden Bahnen um ihre Planeten.

Als *Kopernikus* seine Theorie aufstellte, in der er zeigte, wie unser Sonnensystem beschaffen ist, hatte er darin den Himmelskörpern, die wir Kometen nennen, keinen Platz anweisen können. Und dies aus dem einfachen Grunde, weil man zu seiner Zeit glaubte, die Kometen seien überhaupt keine Himmelskörper, sondern Erscheinungen in der Erdatmosphäre.

Tycho Brahe war der erste, der beweisen konnte, daß ein Komet — der von 1577 — nicht der Erdatmosphäre angehörte, sondern ein Himmelskörper mit großem Abstand von der Erde war.

Kepler, der mit Hilfe der Beobachtungen *Tycho Brahes* das Kopernikanische System mit großer Exaktheit ausbaute, sagte einmal, daß die Kometen am Himmel zahlreicher seien als die Fische im Meer, aber nicht einmal er, der mit so bewundernswerter Schärfe die Bewegung der Planeten berechnete, konnte sagen, wie die Bahnen beschaffen seien, auf denen die K o m e t e n den Weltraum durchziehen. Erst als *Newton* gegen Ende des 17. Jahrhunderts das Gravitationsgesetz entdeckt hatte, gelang es, anzugeben, wie eine Kometenbahn aussieht.

* * *

Wir wollen im folgenden über die Kometen sprechen, über ihr Aussehen, ihre Bewegung, Entwicklung, Bestandteile· und — vor allem — über ihre Stellung im Weltenraume und zu den übrigen Himmelskörpern.

Ein typischer Komet besteht bekanntlich aus dem Kopf — mit einem mehr oder weniger deutlich ausgeprägten Kern — und dem Schweif. Wenn ein teleskopischer Komet entdeckt wird, so sieht man in der Regel nur den Kopf. Der Schweif entwickelt sich erst nach und nach, wächst zu einer maximalen Größe an und nimmt dann wieder ab, um zuletzt zu verschwinden.

Wie geht die Bewegung der Kometen vor sich? Woraus bestehen Kopf und Schweif? Woher kommen diese Himmelskörper und wohin gehen sie? Gehören sie unserem Sonnensystem an oder sind es Zugvögel, die sich nur für kurze Zeit in der Nähe unseres kleinen Nestes aufhalten? Wir werden jede Frage für sich beantworten und wollen mit der Bewegung der Kometen beginnen.

* * *

Kopernikus hat in den Hauptzügen die Planetenbewegung angegeben. Die Planeten bewegen sich um die Sonne in Bahnen, die nicht stark von Kreisen abweichen. *Kepler* gelang es, aus den Beobachtungen *Tycho Brahes* die genauere Form dieser Bahnen abzuleiten: Die Bahnen der Planeten um die Sonne sind Ellipsen.

Bekanntermaßen gibt es Ellipsen von allen möglichen Formen; solche mit sehr geringer Langgestrecktheit (Exzentrizität) bis zum Kreise, der nur ein Grenzfall der Ellipse ist, ferner solche, die mehr und mehr in die Länge gezogen sind bis zu dem anderen Grenzfall, der Parabel, die gewissermaßen eine unendlich in die Länge gezogene Ellipse darstellt. Und wer die mathematische Theorie dieser Kurven

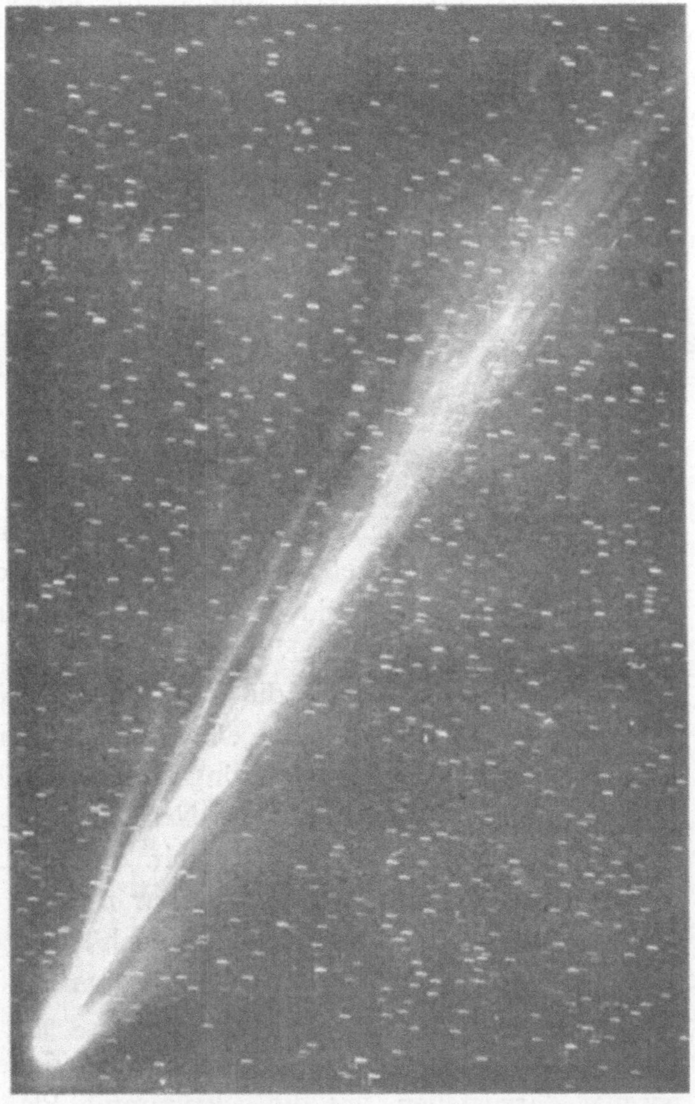

Abb. 2. Komet Morhouse 1908 Nov. 15. Nach einer Aufnahme von Metcalf.

kennt, weiß, daß wir sie uns jenseits der Parabel als Hyperbeln fortgesetzt denken können, die gleich der Parabel ins Unendliche sich erstreckende Kurvenarme besitzen, nur mit noch größerer Winkelöffnung.

Die Bahnen, welche *Kepler* für die zu seiner Zeit bekannten Planeten fand, waren Ellipsen von sehr geringer Exzentrizität.

Dann kam die Entdeckung des Gravitationsgesetzes durch *Newton*, wodurch es gelang, die gesamte Planetenbewegung gewissermaßen in eine kurze Formel zusammenzufassen. Der Inhalt des Newtonschen Gesetzes kann populär etwa derart ausgedrückt werden: Zwischen zwei Himmelskörpern findet stets eine Anziehunskraft statt, die bestrebt ist, diese beiden Körper einander zu nähern. Die Stärke dieser Kraft ist um so größer, je größer die Masse dieser Körper und (nach einem bestimmten Gesetz) je geringer ihr Abstand ist.

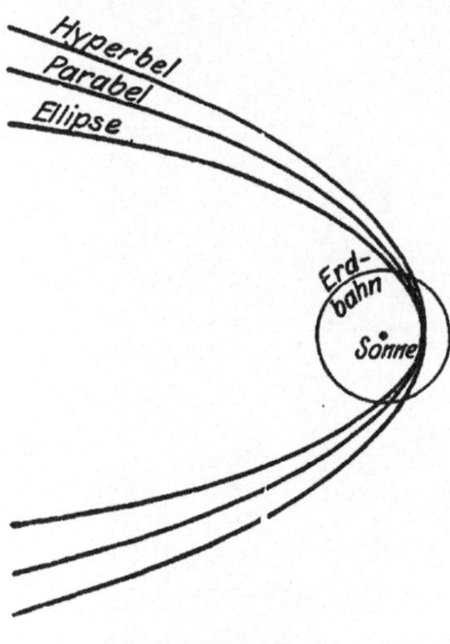

Abb. 3.
Verschiedene Bahnformen.

Es gelang *Newton*, zu zeigen, daß, wenn wir die Existenz einer solchen Kraft annehmen, es nicht nur möglich war, die Form der Planetenbahnen, sondern noch eine ganze Reihe anderer durch die Beobachtungen bekannter Sätze der Planetenbewegung zu erklären.

Es bietet nun nicht die geringsten Schwierigkeiten, ganz populär darzustellen, wie die gekrümmten Planetenbahnen unter dem Einfluß der ständig gegen die Sonne gerichteten Schwerkraft entstehen. Denken wir uns in Abb. 4 bedeute S die Sonne und E einen Planeten, z. B. die Erde, so können wir die Bahn der Erde um die Sonne etwa in folgender Weise ableiten. Nehmen wir an, die Erde habe in einem bestimmten Augenblick eine Bewegung, die sie nach einer gewissen Zeit nach a_1 bringen würde. Gleichzeitig aber wird sie durch die Schwerkraft um das Stück $a_1 E_1$ gegen die Sonne hingezogen. Daher kommt es, daß die Erde anstatt der Strecke $E a_1$, die Strecke $E E_1$ zurücklegt. Im nächsten Zeitintervall würde die Erde nun ihren Weg von E_1 nach a_2 fortsetzen, allein sie wird von der Sonne um das Stück $a_2 E_2$ angezogen und beschreibt infolgedessen den Weg $E_1 E_2$. In derselben Weise können wir diese Überlegung weiterführen. Im nächsten Zeitabschnitt gelangt die Erde von E_2 nach E_3 usw.

Diese Überlegung ist natürlich sehr grob. Wenn wir die Bewegung des Planeten unter dem Einfluß der Sonnenschwere genau verfolgen wollen, so dürfen wir uns nicht mit so großen Dreiecken begnügen wie in der Abb. 4. Wir müssen sie immer kleiner und kleiner werden lassen, um zu der wirklichen, kontinuierlichen Bewegung des Plane-

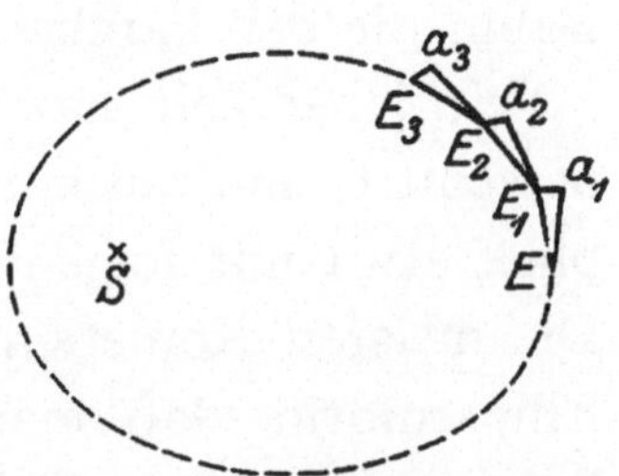

Abb. 4. Erklärung der Planetenbewegung um die Sonne.

ten zu gelangen. Wir müßten eben die Dreiecke, wie der Mathematiker sich ausdrückt, unendlich klein machen. Wir haben in der Tat hier den Übergang von der niederen Mathematik zur Infinitesimalrechnung. Und mit Hilfe der Infinitesimalrechnung ist man imstande, die kontinuierlich gekrümmte Bahn zu behandeln.

*　　*　　*

Stellen wir uns die Frage, wie zwei Körper, die nach dem Newtonschen Gesetz aufeinander einwirken, sich zueinander bewegen (das sog. Zweikörperproblem) und behandeln diese Frage mit den Hilfsmitteln der höheren Mathematik, so erhalten wir ein Resultat, das gemeinverständlich etwa so ausgedrückt werden kann: der kleine Körper bewegt sich um den großen in einer gekrümmten Bahn, die eine mehr oder weniger langgestreckte Ellipse sein kann, aber auch, je nach dem Anfangszustand, eine Parabel oder Hyperbel.

Ellipsen haben wir in den Planetenbahnen vor uns. Und damit sind die Keplerschen Ellipsen erklärt. Aber die anderen Bahnformen? Nicht lange nachdem *Newton* seine Schlüsse aus dem Schweregesetz gezogen hatte, konnte man zeigen, daß ein Komet — es war der von 1680 — in einer Parabel um die Sonne wanderte oder wenigstens in einer Bahn, die der Parabel sehr nahe kam.

Seit jener Zeit hat man Hunderte von Kometenbahnen berechnet, und mit einem Resultat, das wir für den Augenblick etwa mit folgenden Worten charakterisieren können. Die meisten Kometenbahnen zeigen eine so langgestreckte Ellipsenform, daß man sie als parabelähnlich bezeichnen kann — in wenigen Fällen haben wir eine schwach hyperbolische Bewegung vor uns. Demgegenüber steht eine wesentlich kleinere Gruppe von Kometenbahnen, die sich als Ellipsen erweisen, deren Exzentrizität so gering ist, daß sie ganz im inneren Teile des Sonnensystems liegen, in dem die großen Planeten um die Sonne wandeln.

Auf diese fundamentale Frage beim Kometenproblem werden wir später zurückkommen.

* *
*

Nach dem Vorigen ist es leicht begreiflich, wie ein Komet sich entwickelt. Zumeist kommt er aus Gegenden, die sehr weit von der Sonne abliegen. Wenn er nun in die zentralen Partien des Sonnensystems gelangt, wird er den Sonnen-

strahlen stark ausgesetzt, wodurch ein Teil seiner Bestandteile vergast.

Die Erklärung dafür, daß die so vergasenden Stoffe,
welche den Kopf des Kometen auf der der Sonne zuge-
wandten Seite verlassen, nachher in einer der Sonne ab-
gewandten Richtung abströmen, suchte man in einer ab-
stoßenden Kraft der Sonne, entweder elektrischer Art,
oder — nach einer Idee von *Arrhenius* — hervorgerufen
durch den Strahlungsdruck der Sonne.

So weit war die Sache einfach. Aber woraus bestehen die
Kometen? Gibt es eine Möglichkeit, dies herauszubringen?

Jawohl! Bekanntermaßen sind wir heutzutage in der
Lage, die Bestandteile fremder selbstleuchtender Himmels-
körper festzustellen, und zwar mittels der sogenannten
Spektralanalyse.

Stets müssen die Astronomen ihre Zuflucht zur Spektralanalyse nehmen, wenn es sich darum handelt, die chemischen
Bestandteile der Himmelskörper zu bestimmen.

Aber merkwürdig genug! Im Falle der Kometen hatte
man schon eine Ahnung, auch ohne die Spektralanalyse.
Wie war das möglich?

Ein jeder weiß, was eine Sternschnuppe ist. Nun, es sind
keine fallenden Sterne, sondern etwas ganz anderes. Es
sind sehr kleine materielle Stückchen, die im Sonnensystem
umherirren, und die, wenn sie der Erde nahe genug kommen,
in unsere Atmosphäre stürzen, wo sie durch Reibung mit
der Luft derart erhitzt werden, daß sie ins Glühen geraten
und entweder in der hohen Atmosphäre vergasen oder,
wenn sie groß genug sind, als feste Stücke auf die Erde fallen.

Das ist eine altbekannte Erscheinung. Vor etwa hundert
Jahren hat man die Gesetze, denen die Sternschnuppenfälle
unterworfen sind, näher untersucht.

Es zeigte sich bald, daß es unter den Sternschnuppenfällen zwei Arten gibt, die unregelmäßigen und die periodischen.

Sternschnuppen kann man an jedem klaren Abend beobachten. Man fand, daß ein aufmerksamer Beobachter stündlich im Mittel 5 Sternschnuppen sehen kann. Sie tauchen an allen möglichen Punkten des Himmels auf und bewegen sich nach allen möglichen Richtungen.

Aber außer diesen zufälligen vereinzelten Sternschnuppen gibt es andere, die gruppenweise und zu bestimmten Zeiten auftreten. So z. B. der unerhört reiche Sternschnuppenfall, den *Humboldt* im November 1799 auf seiner berühmten Weltreise beobachtete. Im Jahre 1833 trat ein ebenso glanzvoller Sternschnuppenfall zur gleichen Jahreszeit auf und ebenso 1866, und es zeigte sich, daß wir es hier mit einem großen, periodisch wiederkehrenden Falle zu tun hatten.

In gleicher Weise konnte man eine ganze Reihe anderer periodisch wiederkehrender Sternschnuppenfälle konstatieren.

Wie war dies zu erklären?

Die Antwort gab *Schiaparelli* 1866, dem es gelang, die Bahn zu berechnen, in welcher der betreffende Schwarm im Weltraum wanderte. Die Bahn ergab sich als ganz die gleiche wie die des Kometen 1866 I.

Der Sachverhalt wurde nun klar. Ein Sternschnuppenschwarm ist, wenigstens in vielen Fällen, als Bruchstücke eines Kometen aufzufassen, die zufällig in die Erdatmosphäre geraten, wenn solche Absprengsel oder Überreste eines Kometen einmal gleichzeitig mit der Erde einen Punkt der Erdbahn passieren.

Dabei ist zu bemerken, daß ein derartiges Zusammentreffen gar nicht so unwahrscheinlich ist, wie es auf den ersten Augenblick erscheinen könnte. Denken wir uns einen

Kometen, der sich in einer kurzperiodischen Ellipse derart bewegt, daß seine Bahn an irgendeiner Stelle in die Nähe der Erdbahn gelangt, so kann man zeigen, daß von vornherein große Aussichten für ein Zusammentreffen zwischen der Erde und einzelnen Teilen des Kometen besteht:

Es kann als sicher gelten, daß ein Kometenkopf aus einer ungeheuren Anzahl von kleinen Körpern besteht, die gemeinschaftlich um die Sonne wandern.

Immer, wenn eine solche Ansammlung von Partikeln die Sonne umkreist, werden diese Teilchen sich allgemein in etwas verschiedenen Abständen von der Sonne befinden. Das heißt aber: in etwas verschiedenen Bahnen wandern. Aber ein Satz des Zweikörperproblems besagt, wenn verschiedene Körper in nahezu gleichen Bahnen um die Sonne wandern, doch so, daß ihre (mittleren) Abstände von der Sonne etwas verschieden sind, sie sicherlich auch etwas verschiedene Umlaufsgeschwindigkeiten haben.

Je näher ein Körper der Sonne steht, desto größer ist seine Geschwindigkeit; je weiter er von der Sonne absteht, desto geringer ist sie. Aber eine notwendige Folge hiervon ist, daß die Teilchen, aus denen der Kopf eines Kometen besteht, nach und nach in der Bahn ausgebreitet werden und nach einer größeren Zahl von Umläufen längs der ganzen Bahn verteilt sein werden.

Die Kometen sind also ständig in Auflösung. Solange die Auflösung noch nicht weiter fortgeschritten ist, als daß der Komet einen stärkeren Knoten in seiner Bahn bildet, so kann ein Zusammentreffen mit der Erde — natürlich vorausgesetzt, daß die beiden Bahnen sich überhaupt schneiden — nur nach einem Zwischenraum von einer gewissen Anzahl Jahre eintreten. ·Wenn die Kometenüberreste aber die ganze Bahn ausfüllen, so haben wir jedes Jahr zum gleichen Datum wiederkehrende Sternschnuppenfälle.

Wenn dies nun alles stimmt, so hat man also die Möglichkeit, zu entscheiden, aus was für Bestandteilen ein Komet besteht:

Von allen Sternschnuppen, die wir beobachten, vergasen weitaus die meisten vollständig in der hohen Atmosphäre. Nur ein Teil, die hinreichend großen Brocken, fallen als Meteore auf die Erde.

Wir können zwar nicht beweisen, daß die Meteore, die wir gefunden haben, von Kometen stammen. Aber vieles spricht dafür, daß dies oft der Fall ist.

Untersuchen wir diese Meteore, so finden wir darin Eisen, Kohlenstoff... überhaupt Stoffe, die uns auf der Erde bekannt sind.

Und daraus schloß man, daß aller Wahrscheinlichkeit nach diese Stoffe sich auch in den Kometen finden.

Und was ist nun das Ergebnis der spektralanalytischen Untersuchungen der Kometen? Der erste Komet, welcher spektroskopisch untersucht wurde, war der von 1864. Das Spektrum bestand teils aus dem gewöhnlichen kontinuierlichen Farbstreifen, woraus sich ergab, daß der Komet (im Kopf) feste oder flüssige, selbstleuchtende Bestandteile enthielt, teils aus einzelnen hellen „Banden", die anzeigten, daß der Komet (im Schweif) gewisse, auf der Erde bekannte Grundstoffe, vor allem Kohlenstoff enthielt. Und seither erhielt man bei anderen Kometen stets das gleiche Ergebnis: Im Kopfe feste oder flüssige Bestandteile, deren Natur man nach den bekannten spektroskopischen Gesetzen aus dem Spektrum nicht näher bestimmen kann und im Schweif gewisse gasförmige Kohlenstoffverbindungen.

Aber auf der Erde, der Sonne, den anderen Fixsternen fand man eine Menge anderer Grundstoffe: z. B. die ganze Reihe der Metalle: Eisen, Natrium, Kalzium usw. In den Sternatmosphären sind diese Stoffe in Gasform vorhanden. Hat man aber niemals Metallgase in den Kometen gefunden? Es dauerte lange, obgleich man in den Meteoren, die man zum mindesten teilweise als Kometenreste ansprechen kann, Eisen u. a. gefunden hatte. Aber im Jahre 1882 fand *Vogel* in Potsdam im Spektrum des Kometen 1882 I gasförmiges Natrium; ebenso im Kometen 1882 II, und der englische Astrophysiker *Copeland* meinte, gasförmiges Eisen gefunden zu haben.

Gibt es denn verschiedene Arten von Kometen? Solche mit und solche ohne Metalle? Es sah so aus, obgleich die Spektralanalyse sonst immer gezeigt hatte, daß die Baustoffe der verschiedenen Himmelskörper stets die gleichen seien. Die Erklärung war jedoch leicht. Die Kometen, in denen man Metallgase nachweisen konnte, zeichneten sich dadurch aus, daß sie der Sonne besonders nahe gekommen waren, und damit waren alle Schwierigkeiten gelöst: Nur bei solchen Kometen, die der Sonne sehr nahe kamen, stieg die Temperatur hoch genug, um so schwer verdampfende Stoffe wie Metalle in Gasform zu versetzen.

* * *

Einen Augenblick hatte es also so ausgesehen, als gäbe es zwei Arten Kometen, metallische und metallfreie.

Aber es zeigte sich bald, daß sie alle ohne Zweifel die gleiche Zusammensetzung besitzen.

Vorhin hatten wir auch in anderer Hinsicht von zwei Arten Kometen gesprochen. Sie zerfielen nach ihrer Bewegungsart in „periodische" Kometen mit relativ kleinen und kurzen Bahnellipsen und andere mit nahezu parabolischen Bahnen.

Sind das nicht zwei ganz verschiedene Arten von Himmelskörpern? Betrachten wir es einmal näher.

Wir sprachen vom Newtonschen Gesetz, von der Kraft, die z. B. zwischen Erde und Sonne wirkt, und die zur Folge hat, daß die Erde sich ständig in einer Ellipse um die Sonne bewegt. Ebenso können wir für jeden beliebigen anderen Planeten aus der zwischen ihm und der Sonne wirkenden Gravitation die Keplersche Ellipse ableiten, in der der Planet die Sonne umkreisen muß.

Aber wir ließen hier absichtlich einen wichtigen Umstand aus der Rechnung fort. Das Newtonsche Gesetz besagt: wo immer sich zwei Himmelskörper befinden, wirkt zwischen ihnen beiden eine Anziehungskraft, die ... Es genügt also nicht, zu sagen, daß einerseits Erde und Sonne aufeinander wirken, andererseits Sonne und Jupiter. Es gibt auch zwischen Erde und Jupiter, überhaupt zwischen allen Planeten paarweise, eine Anziehungskraft, die bewirkt, daß kein Planet eine strenge Keplersche Ellipse beschreibt. Alle Planetenbewegungen erleiden deshalb beständig kleine Veränderungen. Entweder der Planet eilt seiner Keplerschen Bahn etwas voraus, oder er bleibt zurück, entweder bewegt er sich etwas innerhalb oder etwas außerhalb der Keplerschen Ellipse. Diese Abweichungen in den Planetenbahnen, die immer ziemlich gering bleiben, weil die Massen der Planeten im Verhältnis zur Sonnenmasse klein sind, heißen Störungen, und die Störungsrechnung auf Grund des Gravitationsgesetzes ist eine der Hauptaufgaben der ganzen theoretischen Astronomie.

Natürlich gilt dies auch für die Kometen. Bis vor wenigen Jahrzehnten war es unbeachtet geblieben, welche wichtige Rolle die Kometenstörungen im gesamten Entstehungsproblem der Kometen spielen. Wir kommen nochmals darauf zurück: Hier wollen wir nur einen einzigen Punkt näher betrachten.

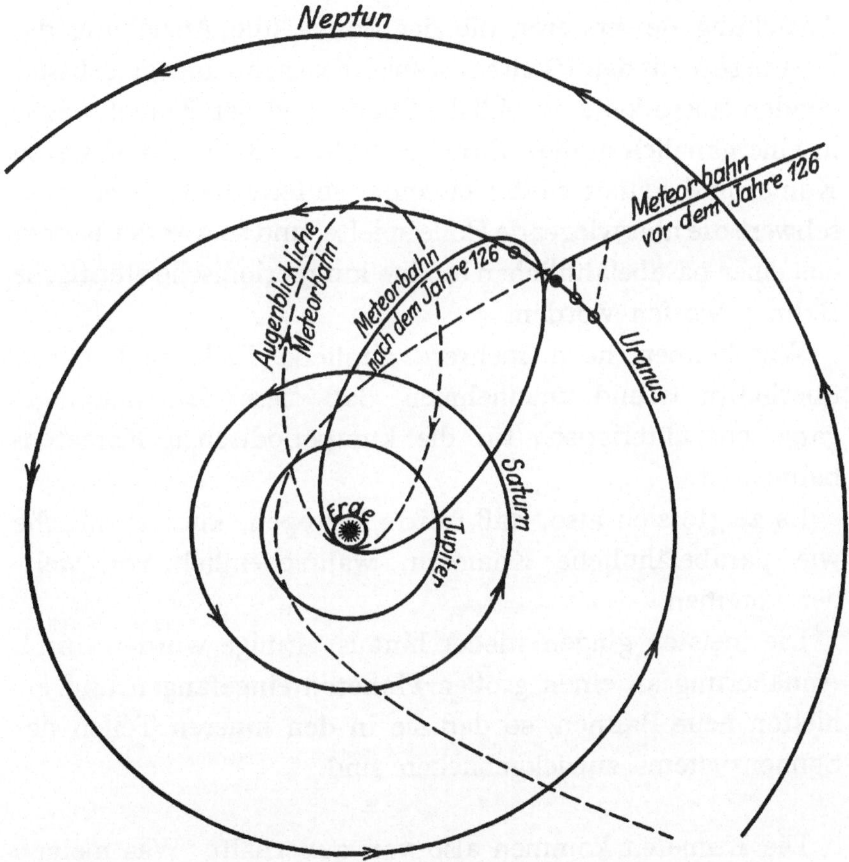

Abb. 5. Geschichte einer Kometenbahn (Meteorbahn).

Abb. 5 zeigt uns nach *Leverrier* die Entwicklungsgeschichte einer speziellen Kometenbahn. Der Komet kam ursprünglich in einer parabelähnlichen Bahn in die Sonnennähe. Im Jahre 126 unserer Zeitrechnung passierte er — nennen wir es zufällig — den Punkt seiner Bahn, welcher der Uranusbahn sehr nahe kam, und der Planet fand sich gerade in unmittelbarer Nähe des Schnittpunktes.

Die Folge hiervon sehen wir in der Figur angedeutet. Durch die große Nähe von Planet und Komet überwog die Anziehung des ersteren die der Sonne (die Anziehung des Kometen auf den Planeten spielte wegen seiner verschwindenden Masse keine merkliche Rolle), und der Komet wurde in eine gänzlich andere Bahn geworfen. Bald darauf waren Komet und Planet wieder einander so fern, daß die Sonnenschwere die überwiegende Rolle spielte, und so war der Komet aus einer parabelähnlichen in eine kurzperiodische elliptische Bahn geworfen worden.

Wir kennen noch mehrere ähnliche Fälle und haben überhaupt Grund anzunehmen, daß dieser Entwicklungsgang charakteristisch für die kurzperiodischen Kometenbahnen ist.

Es zeigte sich also, daß beide Gruppen, kurzperiodische wie parabelähnliche Kometen, wahrscheinlich von weither kommen.

Die meisten gingen wieder hinaus. Einige wurden durch Annäherung an einen großen Planeten eingefangen und erhielten neue Bahnen, so daß sie in den inneren Teilen des Sonnensystems zurückgeblieben sind.

*   *   *

Die Kometen kommen also von außerhalb. Was meinen wir damit? Heißt dies, daß die Kometen von anderen Sonnensystemen kommen und uns nur eine Gastrolle geben?

Betrachten wir ein Verzeichnis der Kometenbahnen, so sehen wir folgendes:

Eine große Zahl Kometenbahnen sind Ellipsen, d. h. geschlossene Bahnen,

Eine kleine Anzahl ist hyperbolisch.

Hieraus sollten wir Folgendes schließen: Die ersteren gehören zum Sonnensystem, die anderen kommen von außerhalb. Und bei diesem Resultat blieb man lange Zeit stehen. Doch änderte sich die Ansicht in den letzten Jahrzehnten.

Gruppe I enthält die größte Anzahl.

Gruppe II ist stark in der Minderheit. Aber diese müssen doch von außerhalb gekommen sein?

Nein — denn man hatte eine wesentliche Sache vergessen.

Wir sprachen von den gegenseitigen Störungen der Planeten und gingen über zu den Kometenstörungen. Wir wollen uns jetzt nicht mit solchen Ausnahmefällen abgeben, in denen ein Komet durch Planetenstörung in eine völlig neue Bahn geworfen wird.

Wir wollen uns an die normalen Fälle halten. Während ein Komet auf seiner Bahn durchs Sonnensystem zieht, ist er die ganze Zeit der Einwirkung der großen Planeten ausgesetzt (die sog. kleinen Planeten spielen keine merkliche Rolle).

Diese Störungskraft ist größer oder kleiner, je nachdem, welcher der großen Planeten dem Kometen am nächsten steht, aber vorhanden ist diese Störungskraft stets. Das heißt mit anderen Worten, daß der Komet sich nie in einer reinen Ellipse, reinen Parabel oder reinen Hyperbel bewegt. Die Bahn ändert sich ständig.

Dies hat für das gesamte Kometenproblem die grundlegende Folge, daß die Bahn, in welcher sich der Komet im Innern des Sonnensystems bewegt, nicht genau mit der Bahn identisch sein wird, auf welcher er ursprünglich von außen kam. Das einzige, was wir — aus direkten Beobachtungen —

kennen, ist das kleine Stück der inneren Bahn, auf dem wir von der Erde aus den Kometen sehen können. Aber die Formeln der theoretischen Astronomie setzen uns instánd, auf Grund des beobachteten Bahnstückes die ursprüngliche Bahn genau zu berechnen.

Rechnen wir also nach, welchen Einfluß die großen Planeten auf die Kometenbahnen haben! Rechnen wir nach, welche Bahnen die Kometen weit draußen gehabt haben müssen, damit ihre Bahnen in Sonnennähe den Beobachtungen entsprechen.

Sehen wir etwas genauer zu, was das bedeuten soll.

Wir sprachen von der Exzentrizität der Bahnen. Man bezeichnet die Exzentrizität gewöhnlich mit dem Buchstaben e, und um eine konkrete Vorstellung von diesem Begriffe zu geben, sei hier erwähnt:

Für den Kreis ist $e = 0$.

Die Ellipsen besitzen, je nachdem sie mehr oder weniger langgestreckt sind, Werte für e, die zwischen 0 und 1 liegen.

Für die Parabel ist $e = 1$, und für die Hyperbel ist e größer als 1.

Die entscheidende Grenze liegt also bei $e = 1$.

Es handelt sich darum: liegt die Exzentrizität über oder unter Eins.

Nun zeigt ein Blick auf alle berechneten Kometenbahnen, daß für eine sehr große Zahl dieser Bahnen e nahe bei 1 liegt.

Bei einigen ist e etwas größer als 1, z. B. 1,0008000, für die meisten etwas kleiner als 1, z. B. 0,9992000.

Und hieraus sollten wir dann schließen, daß die ersteren von außen kommen, aus fremden Welträumen, und daß die letzteren unserm Sonnensystem angehören, auch wenn sie in solchen Bahnen wandeln, daß sie sich ungeheuer weit von den inneren Partien des Planetensystems entfernen können.

Nun zeigte es sich aber, daß die aus den Beobachtungen errechneten Bahnen die Bewegung der Kometen in Sonnennähe zwar gut darstellen, aber auf Grund der Störungen, die die großen Planeten hervorrufen, müssen die Kometenbahnen weit draußen anders ausgesehen haben.

Und das, was hier das wichtige ist, und woran die Berechner von Hunderten von Kometenbahnen nie gedacht hatten, ist, daß die Störungen der großen Planeten ausreichen, um die Bahnexzentrizität von der einen Seite von Eins auf die andere zu bringen.

Die Rechnungen wurden in den letzten Jahrzehnten durchgeführt. Sie waren recht kompliziert und nahmen lange Zeit in Anspruch. Es ergab sich hierbei, daß, wenn man die Kometenbewegung genügend lange und auf genügende Sonnenfernen zurückverfolgte, nicht eine einzige Hyperbel übrigblieb. D. h., daß alle Kometen unserem Sonnensystem angehören und allem Anscheine nach Überbleibsel der Urmaterie sind, aus der sich auch alle anderen Körper des Sonnensystems entwickelt haben.

Und so können wir eine abschließende Zusammenfassung unseres Wissens von der Kometenwelt geben:

Die Kometen gehören unserem Sonnensystem an und bestehen aus genau denselben Stoffen wie Sonne und Erde.

Die uns bekannten Kometen bewegen sich in äußerst langgestreckten Bahnen um die Sonne. Einige von ihnen kamen den großen Planeten so nahe, daß ihre Bahnen in kurzperiodische Ellipsen umgewandelt wurden. Aber es besteht kein Zweifel, daß das Umgekehrte auch geschehen kann, daß ein Komet, der sich in einer kurzen Ellipse bewegt eines Tages durch einen Planeten in eine langgestreckte, parabelähnliche Bahn geworfen werden kann.

Warum kommen alle Kometen in die Sonnennähe? Warum bleiben sie nicht draußen? Ja, es besteht kein Zweifel, daß das ganze Sonnensystem von Kometen erfüllt ist. Es gibt sicherlich Kometen mit allen möglichen Ellipsen, es gibt sicherlich Tausende, ja Hunderttausende von Kometen, die niemals in Sonnennähe gelangen — nur bekommen wir diese nie zu Gesicht. Das ist der ganze Unterschied. Wir sehen nur einen kleinen Bruchteil der Kometen, die in langgestreckten Bahnen dahinwandeln und die zu uns ins Innere des Sonnensystems kommen.

Nachdem wir nun soweit sind, können wir noch den letzten Schritt tun und uns fragen — was ist überhaupt der Unterschied zwischen Kometen und Planeten?

Sicherlich kein anderer wesentlicher als der, daß sie in so verschiedenartigen Bahnen wandeln. Ein Komet kommt von weither. Wenn er sich der Sonne nähert und ihrer Wärmestrahlung ausgesetzt ist, so vergast an ihm alles, was vergasen kann. Wird gar noch seine Bahn derart verwandelt, daß er im Innern des Sonnensystems bleibt, so geht er schließlich aller seiner leichtvergasenden Bestandteile verlustig. Nach einer größeren Anzahl von Umläufen um die Sonne besteht er nurmehr aus festen Teilen, und der einzige Unterschied zwischen einem solchen Kometen und einem Planeten sind die verschiedenartigen Bahnen. Daß die Kometen so geringe Massen besitzen, will nichts besagen. Wir haben auch kleine Planeten in unserem Sonnensystem.

*　*　*

Wir sind aber mit unserem Thema noch nicht ganz fertig.

Nachdem wir zu dem Schluß gekommen sind, daß die Kometen unserem Sonnensystem angehören, müssen wir noch von zwei Gesichtspunkten eine nähere Erläuterung hinzufügen.

1. Dies Resultat ist richtig, soweit es das uns vorliegende Kometenmaterial betrifft. Aber niemand bürgt dafür, daß nicht eines Tages, morgen oder nach 10 000 Jahren, wirklich ein Komet aus fremden Gegenden in unser Sonnensystem kommen kann.

2. Wenn wir von unserem Sonnensystem sprechen, so liegt eine Möglichkeit dafür vor, daß wir diesem Namen einen weiter gefaßten Begriff geben müssen, als man es gewöhnlich tut.

Unser Hauptergebnis, daß es bisher nicht möglich war, eine einzige von vornherein hyperbolische Kometenbahn festzustellen, kann auch noch auf andere Weise ausgedrückt werden.

Wenn man die Gesetze untersucht, nach denen ein Körper, der der Anziehung der Sonne unterliegt, sich bewegt, so erhält man unter anderem folgende Sätze:

1. Denken wir uns, wir fänden einen hyperbolischen Kometen, und wir verfolgten seine Bewegung bis zu großem Abstand von der Sonne, so müßte dieser Komet, je weiter er sich von der Sonne entfernte, zwar eine stets abnehmende Geschwindigkeit relativ zu dieser haben, aber diese Geschwindigkeit würde niemals verschwindend klein werden.

2. Bei der Parabel haben wir einen bemerkenswerten Fall. Die Bewegung in der Parabel nach dem Newtonschen Gesetz ist so, daß die Geschwindigkeit kleiner und kleiner wird, je weiter wir uns vom Hauptkörper entfernen, und je weiter wir gehen, desto mehr nähern wir uns der Geschwindigkeit Null, die jedoch erst in unendlicher Entfernung erreicht wird. Das heißt, daß ein Komet, der in einer rein parabolischen Bahn hinwegzöge, sich

unendlich weit entfernen, aber gewissermaßen doch unserem System angehören würde.

Wenn das Sonnensystem im Raume still stände, so hätte dies Resultat nicht viel Interesse. Aber das Sonnensystem wandert mit einer gewissen Geschwindigkeit und in einer bestimmten Richtung durch das Sternsystem. Und nach dem, was wir jetzt über die Parabelbewegung erfahren haben, können wir also sagen, daß ein Komet, der sich parabolisch um die Sonne bewegt, der Bewegung des Sonnensystems durch den Sternraum folgt.

Oder, wenn wir bewiesen haben, daß es keine hyperbolischen Kometenbahnen gibt, so haben wir damit gezeigt, daß alle Kometen, deren Bewegungen bislang untersucht worden sind, unserem Sonnensystem mit dessen Geschwindigkeit durch den Weltraum folgen. Aber sie können, wenn die Bahnexzentrizität nahe 1 ist, in so ferne Zonen geraten, daß sie dort bereits anderen Sonnen nahe kommen.

Nun ist es aber nicht unwahrscheinlich, daß es eine Anzahl Fixsterne gibt, die sich gemeinschaftlich mit unserer Sonne durch den Raum bewegen.

Und so können wir das Hauptresultat der modernen Untersuchungen über die Kometenbewegung derart formulieren:

Es hat sich gezeigt, daß die Kometen, deren Bahnen man berechnet hat, nicht von einem System herkommen können, das eine merkliche Bewegung relativ zum Sonnensystem besitzt.

Für die meisten Kometen bedeutet dies einfach, daß sie zu unserem Sonnensystem gehören. Aber man kann sich denken, daß einige der Kometen mit nahezu parabolischen Bahnen so weit hinauswandern, daß wir eher unser Resultat in der folgenden Weise ausdrücken müssen Die bis jetzt beobachteten

Kometen gehören jedenfalls alle der Gruppe einander nahe liegender Fixsterne an, die den Weltraum mit der gleichen Geschwindigkeit wie die Sonne durchziehen mögen.

In kosmogonischer Hinsicht spielt diese Modifizierung unseres Hauptresultates keine wesentliche Rolle, da es als sicher gelten kann, daß die Sonne mit Sternen, die evtl. die gleiche Bewegung wie sie hätten, auch gemeinsamen Ursprung haben würde.

* * *

Der Grundgedanke, auf den wir unsere ganze Untersuchung aufbauten, war dieser: Wenn wir aus den Kometenbahnen kosmogonische Schlüsse ziehen wollen, so genügt es nicht, den inneren, unseren Beobachtungen zugänglichen Teil der Bahn zu kennen. Man muß die Kometenbahnen hinreichend weit von der Sonne ab verfolgen und untersuchen, welchen Einfluß die großen Planeten auf die Bahnform gehabt haben.

Merkwürdigerweise berechneten die Astronomen eine Kometenbahn nach der anderen — zu Hunderten, ohne diese Untersuchung anzustellen, obwohl man sich seit Jahrhunderten über die Bedeutung der Störungen auf die Planetenbahnen im klaren war.

Und noch merkwürdiger mutet es einen an, daß, nachdem die Frage völlig geklärt war, eine Reihe von Kometenbahnberechnern das Wesentliche dieser Frage nicht verstanden hatten.

Es wird von *Ch. Darwin* erzählt, daß er einmal auf einen aufmunternden Brief eines Freundes über seine Theorie der Entstehung der Arten geantwortet habe: „Ich zweifle nicht daran, daß die Theorie der Entstehung der Arten allmählich Anerkennung finden wird, aber ich fürchte sehr, es wird so lange dauern wie die Entwicklung der Arten selbst!"

So schlimm ging es nun nicht.

Und in unserem Problem hat die Notwendigkeit, auf die Störungen Rücksicht zu nehmen, wenn man aus den Kometenbahnen auf den Ursprung der Kometen schließen will, nicht so lange Zeit gebraucht, sich Geltung zu verschaffen, wie der Umlauf in einer parabelnahen Bahn dauert. Aber die Kometen mit kurzen Umlaufszeiten mußten manchesmal ihren Weg um die Sonne wandeln, ehe der einfache Gedanke, der unserer Untersuchung zugrunde liegt, bei den Kometenbahnberechnern sich einbürgerte.

Damit sind wir fertig:

Die Kometen bestehen aus den gleichen Stoffen wie die Erde und Sonne. Ihre Bahnen zeigen, daß sie dem Sonnensystem angehören, mit dem Vorbehalt, daß wir vielleicht für einige Kometen den Begriff „Sonnensystem" ein Stück in einen uns umgebenden Sternhaufen hinein ausdehnen müssen, dessen Mitglieder evtl. gemeinschaftlich mit der Sonne durch den Raum wandern. Und das Resultat bedeutet für die Kometen einen gemeinsamen Ursprung mit der Sonne.

In großem Abstand von unserer Sonne und unserer Sterngruppe gibt es andere Sterne und Sterngruppen, zu denen wir uns ebenfalls Kometen als zugehörig denken müssen, geringe Reste der Urmaterie, aus der diese Sterne und Sterngruppen sich entwickelt haben, zu einer Zeit, die für jede einzelne dieser Sterngruppen ihre Geburtsstunde war.

Die Sonne.

Die Astronomen sehen die Sonne am besten, wenn sie verfinstert ist.

Es gab eine Zeit, wo diese Behauptung absolut richtig war. Vor der Erfindung des Fernrohres sah man keinerlei Einzelheiten auf der intensiv leuchtenden Sonnenoberfläche. Zu jener Zeit war die ausschließlich bei totalen Sonnenfinsternissen sichtbare Korona das einzige auf der Sonne, an dem man Helligkeitsnuancen wahrnehmen konnte — heller und schwächer leuchtende Partien. Gegenwärtig weiß man durch Fernrohr, Photographie und Spektralanalyse sehr viel über das Aussehen und die Beschaffenheit der Sonne. Aber was die Korona betrifft, so haben wir auch heutzutage nur bei den totalen Sonnenfinsternissen Gelegenheit zu ihrem Studium.

Unter allen Himmelskörpern, die Tag für Tag über unsern Häuptern dahinwandeln, spielt die Sonne für uns Menschen die größte Rolle.

Von der Sonne erhalten wir Licht und Wärme. Die Sonne bringt jene wunderbare Kraft hervor, die das Pflanzenwachstum bewirkt, und ist darum auch die Kraftquelle für Tiere und Menschen. Die Naturkräfte, die der Mensch in seine Dienste zwingt, stammen alle von der Sonne. Die chemische Kraft unserer Steinkohlenflöze, die wir als Kraft- und Lichtquelle benutzen, ist nichts anderes als seit Jahrtausenden aufgespeicherte Sonnenenergie. Von der Sonne stammt die Wärme, die das Wasser in Flüssen,

Seen und Meeren verdunsten und in die Atmosphäre empor-
steigen läßt, um hernach wieder in Form von Regen oder
Schnee niederzufallen.

Es ist die Anziehungskraft der Sonne, die die Planeten
und Kometen in ihren Bahnen führt.

Wenn wir nun so viel von ihren Wirkungen wissen, was
wissen wir von der Sonne selbst?

Die Sonne ist warm, und die Sonne ist hell. Das wissen
und sehen wir. Das ist nicht viel, und doch können wir
sagen: Vor der Erfindung des Fernrohres wußte man so
gut wie nichts anderes von der Sonne, als daß sie rund, hell
und warm ist.

Die ersten Fernrohre wurden 1608 oder 1609 konstruiert.
Bald darauf wußte man, daß die Sonne Flecken hat, und
daß sie in der Mitte der Scheibe stets heller leuchtet als am
Rande. Bezüglich der Flecken kam man zu der Auffassung,
daß sie Vertiefungen in den äußeren Schichten darstellten,
durch die man in die innere dunklere Masse hineinsehen
könnte. Die eigentümliche Erscheinung, daß die Sonne in
der Mitte heller leuchtet als am Rande, erklärt sich leicht,
wenn wir annehmen, daß die leuchtende Außenfläche der
Sonne von einer dunkleren Atmosphäre umgeben sei, da
das vom Rande kommende Licht in diesem Falle einen
längeren Weg in der Atmosphäre zurückzulegen hat, als
das Licht von der Mitte, und demgemäß eine stärkere
Schwächung erfahren muß. Wir kommen hiermit zu dem
Schlusse, daß die Sonne aus mindestens drei Schichten bestehen muß: einem Kern, einer intensiv leuchtenden Schale und einer schwächer leuchtenden
Atmosphäre.

Wenn wir so die Sonne bei einer totalen Finsternis betrachten, haben wir die Korona vor Augen, einen Strahlen-

„*Über den Wolken ist der Himmel immer blau*" (*Holger Drachmann*).
Abb. 6. Sonnenuntergang auf dem Lick Observatorium (Mount Hamilton, Kalifornien).

kranz, der die Sonne nach allen Seiten umgibt, und die Protuberanzen, feuerrote Flammen, die von einzelnen Punkten des Sonnenrandes ausstrahlen.

Das ist das Wichtigste von dem, was man auf der Sonne unter gewöhnlichen Umständen und bei Sonnenfinsternissen sehen kann. Es ist schon etwas, und es war möglich, hieraus einige Schlüsse über die Beschaffenheit der Sonne zu ziehen.

Aber nur auf dieser Grundlage wäre es niemals möglich gewesen, zu so umfassenden Kenntnissen von der Sonne zu gelangen, wie sie die Astronomen von heute besitzen.

Hierzu bedurfte es ganz anderer Hilfsmittel als einer bloßen Beobachtung der Sonne, sei es mit unbewaffnetem Auge oder mit dem Fernrohr, sei es unter gewöhnlichen Umständen oder bei einer Sonnenfinsternis.

Die Spektralanalyse war es, die in so durchgreifender Weise unsere Kenntnisse von der Sonne erweitert hat.

Was ist Spektralanalyse?

Es ist eine Methode, das von einem leuchtenden Körper ausgesandte Licht zu untersuchen und aus den Eigenschaften dieses Lichtes auf Beschaffenheit und Bestandteile des leuchtenden Körpers zu schließen.

Wenn man ein schmales Lichtbündel von einem weißglühenden festen oder flüssigen Körper durch ein Glasprisma hindurchfallen läßt, so breitet es sich zu einem farbigen Bande aus, einem Spektrum, das alle Farbtönungen, die wir unter dem Namen Regenbogenfarben kennen, enthält, unzählige Abstufungen vom tiefsten Rot bis Violett: Rot-Orange-Gelb-Grün-Blau-Indigo-Violett. Wenn wir das Licht eines weißglühenden festen oder flüssigen Körpers durch eine Gasmasse gehen lassen, ehe es auf das Prisma trifft, so finden wir im Spektrum eine Reihe dunkler Linien, und sorgfältige Untersuchungen haben gezeigt, daß wir aus der Lage jener Linien im Spektrum feststellen können, welche Stoffe sich in der Gasmasse befinden, die das Licht des weißglühenden Körpers durchstrahlt hat. Da diese Gesetze unter allen Umständen und auf jede Entfernung gelten, so ist ohne weiteres verständlich, daß wir auf Beschaffenheit und Zusammensetzung der selbstleuchtenden Himmelskörper schließen können, sofern wir in der Lage sind, ihre Spektren zu untersuchen. Fernrohr und Prisma oder, zur Vergrößerung der Wirkung, mehrere Prismen sind die Waffen, mit denen sich der Astronom sein Wissen von der chemischen und physikalischen Beschaffenheit der Himmelskörper erkämpft.

Wir lassen Sonnenlicht durch Fernrohr und Prisma fallen und finden, daß das Sonnenspektrum alle Farbtönungen und eine Menge dunkler Linien enthält. Also besteht die Sonne aus einer intensiv leuchtenden Kugel, die von einer gasförmigen Atmosphäre umgeben ist. Aus der Zahl und Lage der Linien im Spektrum können wir die Stoffe bestimmen, die sich in der Sonnenatmosphäre befinden.

Schon um 1860 kannte man im Sonnenspektrum mehrere hundert Linien, die auf das Vorhandensein von Eisen in der Sonnenatmosphäre hinwiesen, andere gehörten dem Titan an, wieder andere dem Kalzium usw. Heute ist die Sachlage etwa folgende: Mit Sicherheit ist etwa die Hälfte der chemischen Grundstoffe, die wir auf der Erde kennen, auf der Sonne nachgewiesen, und wahrscheinlich befindet sich noch eine ganze Reihe anderer dort.

Doch nicht genug damit, daß man diese allgemeinen Schlüsse über die Bestandteile der Sonnenatmosphäre ziehen kann. Man kann auch Einzelheiten untersuchen: das Spektrum der Sonnenflecken, des Sonnenrandes, der Korona, und das wichtigste Resultat dieser Forschungen lautet folgendermaßen: Es finden sich auf der Sonne dieselben Stoffe wie auf der Erde, und zwar finden sich im allgemeinen die schwersten Stoffe (Schwermetalle) in den untersten, die leichtesten (Wasserstoff und Helium) in den obersten Schichten.

* * *

Diese kurzen Andeutungen genügen, um auf die ungeheure Bedeutung der Spektralanalyse für die Sonnenforschung hinzuweisen. Die Spektralanalyse zeigte uns, aus was für Schichten die Sonne aufgebaut ist — in dieser Hinsicht brachte das Studium mittels des Fernrohrs nur die allerersten Andeutungen —, und sie hat uns gezeigt, aus was für Stoffen die Sonne aufgebaut ist — über diese Frage wußten wir vor der Spektralanalyse absolut nichts.

Aber die Spektralanalyse besitzt noch wesentlich mehr Anwendungsmöglichkeiten.

Es zeigte sich, daß die dunklen Linien im Sonnenspektrum nicht immer exakt die Lage einnehmen, die ihnen im allgemeinen zukommt: die Linien, die einem bestimmten Stoffe entsprechen, sind unter gewissen Umständen verschoben, entweder nach dem roten oder violetten Ende des Spektrums. Man konnte zeigen, daß dies auf der Bewegung der verschiedenen Stoffe in der Richtung auf uns zu oder von uns fort beruht (*Dopplers* Prinzip), und fand, daß verschiedene Gasmassen in einem Sonnenfleck aus der Tiefe nach außen oder umgekehrt nach innen gegen den Sonnenmittelpunkt strömen.

Die Spektralanalyse hat uns instand gesetzt, den magnetischen Zustand der Sonne zu studieren. Ein jeder kennt die Kompaßnadel. Die Nadel stellt sich bei uns in die Nordsüdrichtung, weil die Erde wie ein Magnet mit zwei Polen wirkt. Der berühmte holländische Physiker *Zeemann* zeigte, daß magnetische Kräfte in ganz bestimmter Weise auf die Spektrallinien einwirken. Auf der Mount-Wilson-Sternwarte in Kalifornien wurde beobachtet, daß in den Linien des Sonnenspektrums ganz entsprechende Veränderungen vor sich gehen, und damit ist es bewiesen, daß auch auf der Sonne magnetische Kräfte tätig sind.

Und weiter noch: Man kennt heutzutage die Sonnentemperatur ziemlich genau. Diese alte Frage ist zu verschiedenen Zeiten sehr verschieden beantwortet worden. Die Angaben schwankten zwischen einigen tausend und mehreren Millionen Grad. Jetzt hat die Spektralanalyse eine Antwort gegeben, die jedenfalls der Wahrheit sehr nahekommt. Wenn wir ein Metallstück zur Gluthitze erwärmen, so wird es zuerst rotglühend, hernach bei zunehmender Temperatur gelb- und schließlich bei stärkster Erhitzung weißglühend. Wenn wir das Spektrum des Metallstücks bei der Erwärmung untersuchen, so finden wir sein Aussehen sich fortwährend verändern; in der Hauptsache derart, daß das rotglühende Metall ein Spektrum gibt, in dem der rote Teil überwiegt und der violette fehlt. Je mehr die Temperatur wächst, je mehr gewinnt der violette Teil an Intensität, und nach diesem Prinzip können wir umgekehrt aus dem Aussehen des Sonnenspektrums auf die Temperatur der Sonnenoberfläche schließen. Es ergibt sich etwa 6000—7000° C. Das ist eine Temperatur, die alle bisher bekannten irdischen Temperaturen übertraf, bis sie vor einigen Jahren durch Experimente von *Lummer* in Breslau annähernd erreicht wurde.

* * *

Wir kennen somit das Aussehen der Sonne, ihre chemischen Bestandteile und die Schichtung der verschiedenen Stoffe. Wir können die Geschwindigkeiten bestimmen, mit denen sich die verschiedenen Gasmassen auf der Sonne bewegen, wir können ihre Temperatur und die magnetischen Eigenschaften feststellen, und wir können, wie in einem späteren Artikel gezeigt wird, uns auch ein ziemlich sicheres Bild von der Entwicklungsgeschichte der Sonne machen.

Die wesentlichsten und wichtigsten Untersuchungen über das Verhalten der Sonne sind an der schon oben genannten Sonnenwarte auf dem Mount Wilson (Mount Wilson Solar Observatory) ausgeführt worden, einer der beiden großen kalifornischen Sternwarten, die so hoch gelegen sind, daß man sich dort fast immer über den Wolken befindet. Hat man denn besondere Observatorien für die Sonnenforschung? Die Sonne ist ein Fixstern wie alle anderen, und Fixsterne kennen wir zu Hunderten von Millionen! Wie kommt man also dazu, Observatorien zu bauen, wo die Sonnenforschung eine der Hauptaufgaben ist.

Die Sache ist einfach genug. Alle Fixsterne sind Himmelskörper von gleicher Art, aber in verschiedenen Entwicklungsstadien. Wir kennen weiße Sterne (die heißesten), gelbe (mit geringerer Temperatur) — zu ihnen gehört unsere Sonne — und rote Sterne (die kühlsten). Alle die verschiedenen Sterntypen sind spektralanalytisch untersucht worden.

Viel hat die spektralanalytische Untersuchung der Sterne zutage gefördert, aber in der Sonne besitzen wir einen Stern, der uns unvergleichlich viel näher ist als alle anderen Fixsterne. Auf der Sonnenoberfläche erkennen wir Einzelheiten, die wir auf den anderen Fixsternen wohl niemals werden beobachten können. Im Sonnenspektrum finden wir dunkle Linien in einer Zahl, die das Hundertfache dessen beträgt, was im Fixsternspektrum erkennbar ist. Deshalb ist es klar, daß die Sonnenforschung imstande ist, über die ganze Fixsternwelt ein Licht zu werfen, das das Studium anderer Fixsterne uns nie hätte bieten können. Deswegen ist es leicht zu verstehen, daß das Studium der Sonne eine der wichtigsten und interessantesten Aufgaben der Astronomie ist.

Ein Kalenderproblem.
Bestimmung von Wochentagen.

(Eine kleine Rechenaufgabe.)

Eine große Zahl der Vorschläge zur Kalenderreform, die von Zeit zu Zeit auftauchen, haben eine Eigenschaft, die leicht auf alle die abstoßend wirken kann, die oft mit Kalenderfragen zu tun haben. Eine große Zahl dieser Vorschläge, um nicht zu sagen die meisten von ihnen, brechen nämlich mit der Kontinuität in dem einzigen Punkt, worin unser Kalender ein konsequentes Festhalten an einer ein für allemal festgesetzten Zählperiode aufweist: an der niemals unterbrochenen Reihenfolge der Wochentage.

Die Jahreslänge wechselt, ebenso die Jahrhundertlänge. Für eine ganze Zahl von Festtagen wechselt jedes Jahr das Datum, und auch die ständig mit mathematischer Genauigkeit wiederkehrenden astronomischen Erscheinungen, wie Frühlings- und Herbst-Tag- und Nachtgleichen, Sommer- und Wintersonnwende fallen auf verschiedene Daten. Nur eines bleibt bestehen und hat sich nie geändert — die Zählung der Wochentage. Wir wollen in diesem kleinen Artikel zeigen, welche große Annehmlichkeit dieser Umstand mit sich bringt, wenn es sich darum handelt, die Wochentage geschichtlicher Ereignisse oder astronomischer Erscheinungen festzustellen.

Wenn man sich in astronomischen Lehrbüchern über dieses Problem, die Bestimmung von Wochentagen, eine beliebige Zeit im voraus oder zurück orientieren will, wird man meistens auf Methoden verwiesen, die den Besitz von Tabellen voraussetzen — z. B. solche für den sog. Sonntagsbuchstaben — und die man sicherlich nur in den seltensten Fällen zur Hand hat.

Es ist zweifellos den meisten unbekannt, daß diese Aufgabe von jedem zu lösen ist ohne Tabellen und ohne andere Vorkenntnisse als ein paar einfache Tatsachen, die man nie vergißt, wenn man nur einmal sich die Mühe gemacht hat, zwei oder drei Beispiele durchzurechnen.

Wir wissen, wie der Gregorianische Kalender aussieht. Drei aufeinander folgende Jahre haben je 365 Tage, jedes vierte (solche, deren Jahreszahl durch 4 ohne Rest teilbar sind) hat 366 Tage. Eine Ausnahme hiervon bilden gewisse volle Jahrhunderte (wie 1500, 1700, 1800, 1900, 2100...), deren Jahrhundertzahl (aus den ersten 2 Ziffern gebildet) nicht restlos durch 4 teilbar ist. Diese Jahre haben ebenfalls nur 365 Tage, während die übrigen Jahre zu den vollen Jahrhunderten (1600, 2000...) 366 besitzen. Dieses gilt nur für die Zeit seit Einführung des Gregorianischen Kalenders. In den katholischen Ländern fand diese 1582 statt, wobei man in der Zählung gleichzeitig 10 Tage übersprang, indem man auf den 4. Oktober den 15. an Stelle des 5. folgen ließ. Die folgenden Berechnungen beziehen sich ausschließlich auf die Länder, in denen der Gregorianische Kalender bereits 1582 angenommen wurde. Wenn man entsprechende Rechnungen für andere Länder ausführen will, so sind sie für die Zeit vom Jahre 1582 bis zu dem Zeitpunkt, wo der Gregorianische Kalender dort eingeführt wurde, etwas abzuändern.

Unsere Zeitrechnung beginnt mit dem 1. Januar des Jahres 1. Das erste Jahrhundert schließt mit dem 31. Dezember des Jahres 100 usw., und mit Hilfe des oben Gesagten können wir ohne weiteres eine Tabelle aufstellen, die die Zahl der Tage jedes einzelnen Jahrhunderts unserer Zeitrechnung angibt, wenn wir bloß bedenken, daß man bis zur Annahme des Gregorianischen Kalenders den Julianischen hatte, mit Jahrhunderten, für die ohne Ausnahme die Regel gilt, daß jedes 4. Jahr 366 Tage, alle übrigen 365 Tage und das Jahrhundert also die konstante Anzahl von $100 \times 365 + 25 = 36\,525$ Tage hat.

Tabelle für die Anzahl der Tage in jedem Jahrhundert seit Beginn unserer Zeitrechnung.

Jahr	1	Jan. 1.—	Jahr	100	Dez. 31.	36 525	Tage
,,	101	,;	,,	200	,,	36 525	,,
,,	201	,,	,,	300	,,	36 525	,,
,,	301	,,	,,	400	,,	36 525	,,
,,	401	,,	,,	500	,,	36 525	,,
,,	501	,,	,,	600	,,	36 525	,,
,,	601	,,	,,	700	,,	36 525	,,
,,	701	,,	,,	800	,,	36 525	,,
,,	801	,,	,,	900	,,	36 525	,,
,,	901	,,	,,	1000	,,	36 525	,,
,,	1001	,,	,,	1100	,,	36 525	,,
,,	1101	,,	,,	1200	,,	36 525	,,
,,	1201	,,	,,	1300	,,	36 525	,,
,,	1301	,,	,,	1400	,,	36 525	,,
,,	1401	,,	,,	1500	,,	36 525	,,
,,	1501	,,	,,	1600	,,	36 515[1]	,,
,,	1601	,,	,,	1700	,,	36 524	,,
,,	1701	,,	,,	1800	,,	36 524	,,
,,	1801	,,	,,	1900	,,	36 524	,,
,,	1901	,,	,,	2000	,,	36 525	,,
,,	2001	,,	,,	2100	,,	36 524	,,
,,	2101	,,	,,	2200	,,	36 524	,,
,,	2201	,,	,,	2300	,,	36 524	,,
,,	2301	,,	,,	2400	,,	36 525	,,

Der Zyklus geht dann beständig so weiter, daß auf 3 Jahrhunderte mit je 36 524 Tagen ein 4. mit 36 525 Tagen folgt.

----

[1] Im Jahr 1582 fielen 10 Tage aus.

Ein jeder, der sich die oben angegebenen Grundlagen unseres Kalenders gemerkt hat, ist imstande, diese Tabelle hinzuschreiben, und die Erfahrung zeigt, daß alle, die einigermaßen gewohnt sind, mit Zahlen umzugehen, sie mit Leichtigkeit im Kopf behalten.

Und so brauchen wir für unsere Aufgabe nur noch eine einzige Tatsache, und das ist: der erste Tag unserer Zeitrechnung, also der 1. Januar des Jahres 1, war ein Samstag oder, in einer für die Rechnung bequemeren Form:

Der letzte Tag vor Beginn unserer Zeitrechnung war ein Freitag.

* * *

Angenommen, wir haben heute Mittwoch, so ist klar, daß wir 7 Tage hiernach wieder Mittwoch haben, ebenso 7000 Tage später — 7005 Tage nachher, d. h. 7000 + 5 Tage, einen Montag. Die Regel lautet: Wenn ich eine gewisse Zahl von Tagen vor- oder rückwärts gehe, einerlei wie weit, so kann ich in der Zahl der verflossenen Tage alles streichen, was durch 7 teilbar ist, und brauche mich bloß um den Rest zu kümmern.

So sehen wir, daß ein Gemeinjahr mit seinen 365 Tagen in diesen Berechnungen $364 + 1 = 52 \times 7 + 1 = 1$ Tag bedeutet, und ein Schaltjahr mit 366 Tagen gleicht 2 Tagen. Das heißt mit andern Worten, daß, wenn wir heute Mittwoch haben, wir den Wochentag des gleichen Datums im nächsten Jahr finden, indem wir einen Tag weitergehen, wenn kein Schalttag dazwischen kommt, und 2 Tage, wenn ein Schalttag mitzurechnen ist. Wir hätten also im ersteren Falle Donnerstag, im zweiten Freitag.

Und so gehen wir weiter. Wie wir in dieser Rechnung ein Gemeinjahr durch die Zahl 1, ein Schaltjahr durch die Zahl 2 ersetzen können, so können wir in gleicher Weise alle Zahlen in der Tabelle verkürzen. Wir erhalten z. B für die Anzahl der Tage im Julianischen Jahrhundert $36\,525 = 7 \times 5217 + 6 = 6$, und allgemein können wir für alle Zahlen, mit denen wir hier zu tun haben, folgende kurze, aber doch erschöpfende Tabelle aufstellen.

$$365 = 1$$
$$366 = 2$$
$$36\,525 = 6$$
$$36\,515 = 3$$
$$36\,524 = 5$$

Beispiel 1. Der 31. Dezember 1900 war ein Montag — welchen Wochentag hatten wir am 2. Januar 1921?

Vom 31. 12. 1900 bis einschließlich 31. 12. 1920 sind verflossen

$$20 \times 365 = 20 \times 1 = 20 = 6$$
$$+ \; 5 \; \text{Schalttage} \qquad\qquad = 5$$

Vom 31. 12. 1920 bis einschl. 2. 1. 1921 2 Tage $\qquad = 2$

$$\overline{\qquad\qquad\qquad 13 = 6}$$

Wir haben also 6 Tage vorwärts zu gehen. Da der Ausgangstag Montag war, erhalten wir: **Sonntag.**

Beispiel 2. Der 31. Dezember 1920 war Freitag. Welchen Wochentag hatten wir am 21. Mai 1921?

Bis		
31. Januar	31 =	3
28. Februar		0
31. März		3
30. April		2
21. Mai		0
		$\overline{8 = 1}$

1 Tag vom Freitag weiter gibt **Sonnabend.**

Beispiel 3. Wir gehen zurück bis zum Beginn unserer Zeitrechnung. Wir wissen bereits, daß der letzte Tag vor Beginn unserer Zeitrechnung ein Freitag war, und

wollen nun den Wochentag für den 31. Dezember 1920 bestimmen.

$$
\begin{array}{llll}
\text{Bis einschl.} & 31.12. & 1500 = 15 \times 36\,525 = 15 \times 6 = 1 \times 6 & = 6 \\
\text{weiter bis} & 31.12. & 1600 = 36\,515 & = 3 \\
\quad,, \quad\quad,, & 31.12. & 1900 = 3 \times 36\,524 = 3 \times 5 = 15 & = 1 \\
\quad,, \quad\quad,, & 31.12. & 1920 = 20 \times 365 + 5 = 20 \times 1 + 5 & \\
& & \qquad\quad = 6 + 5 = 11 & = 4 \\
& & \qquad\qquad\qquad\qquad\qquad\quad 14 = 0 &
\end{array}
$$

Der 31. Dezember 1920 ist demnach ein F r e i t a g!
So einfach ist die Sache!

Grundbegriffe der modernen Stellarastronomie.

I.

Mehr als zwei Jahrtausende war das Studium der Körper unseres Sonnensystems das Hauptproblem der Astronomie. Heute geht der größte Teil astronomischer Arbeit auf das Studium des Fixsternsystems aus, und es ist sicher, daß die Astronomie gegenwärtig eine ihrer größten Entwicklungsperioden durchmacht. Fast jeder Tag bringt neue Methoden, neue Gesichtspunkte, neue Resultate. Die meisten, die, ohne selbst an den wissenschaftlichen Arbeiten teilzunehmen, mit brennendem Interesse dem Triumphzug der Astronomie zu folgen versuchen, können sich leicht in dem Urwald neugebildeter Begriffe und Definitionen verirren. Gemeinverständliche Übersichten der astronomischen Forschungsresultate, die vor wenigen Jahrzehnten eine gute Unterlage für astronomische Studien gaben, sind heutzutage gänzlich unzureichend, weil der Leser darin nur noch einen Bruchteil der Grundbegriffe vorfindet, auf welche die moderne Stellarastronomie aufgebaut ist.

Einige dieser Begriffe beziehen sich auf solche Eigenschaften der Fixsterne, die durch direkte Beobachtungen bestimmt werden können. Eigenschaften, welche mit den anderen in Beziehung stehen, können wir nur auf indirektem Wege herleiten.

Wir teilen daher die Eigenschaften der Fixsterne, die im folgenden eine Hauptrolle spielen, in folgende zwei Gruppen:

A. Eigenschaften, die unmittelbar aus den Beobachtungen folgen. Die wichtigsten sind:

1. Die scheinbare Lage eines Sternes an der Himmelskugel. Sie wird mit Hilfe zweier Koordinaten ausgedrückt, die Rektaszension und Deklination heißen und mit α und δ bezeichnet werden.

2. Der Abstand eines Sternes von unserem Sonnensystem (der Sonne).

Dieser kann beispielsweise in Erdbahnradien als Einheit ausgedrückt werden. Da man hier wegen der großen Sternentfernungen von uns mit unbequem großen Zahlen zu rechnen hätte, hat man bereits frühzeitig eine andere Ausdrucksweise für die Entfernung der Sterne eingeführt. In Abb. 7 sehen wir die Sonne (S), die Erdbahn und einen Stern (St).

Statt des Abstandes des Sternes von der Sonne geben wir den Winkel (Erde-Stern-Sonne) an, unter dem der Erdbahnhalbmesser von dem betreffenden Stern aus gesehen wird. Dieser Winkel ist einer der wichtigsten Begriffe der Stellarastronomie und heißt Parallaxe. Er wird in Bogensekunden ausgedrückt und im Folgenden mit dem Buchstaben p bezeichnet. Da dieser Winkel ein Ausdruck dafür ist, daß man von der Erde aus denselben Stern in verschiedenen Richtungen sieht, je nachdem, an welchem Punkte ihrer Bahn die Erde sich befindet, so kann die Parallaxe dadurch bestimmt werden, daß man den scheinbaren Ort des Sternes am Himmel zu verschiedenen Jahreszeiten beobachtet. Die Schwankungen sind sehr

Abb. 7.
Parallaxe.

klein, und die größte bekannte Parallaxe ist, wie wir späterhin sehen werden, nicht größer als $^3/_4$ Bogensekunden, und eine Folge davon ist, daß die Bestimmung der Fixsternparallaxen eine sehr schwierige Aufgabe ist.

Die durch diese sog. jährliche Parallaxe zustande kommende Verschiebung bei den Sternen am Himmel direkt auszumessen, gelang bisher bloß für ein paar hundert Sterne, und für die meisten von diesen sind die Resultate noch recht unsicher.

In den letzten Jahren gelang es, neue Methoden zur Bestimmung von Fixsternparallaxen auszubauen. Über diese Methoden, die auf ganz neuen Grundlagen ruhen, wollen wir im nächsten Abschnitt sprechen.

Um einen Überblick zu gewinnen, stellen wir hier fest, daß eine Parallaxe von $1''$ (einer Bogensekunde) einem Abstand von etwa 200 000 Erdbahnradien entspricht, eine solche von $0,1''$ etwa 2 000 000 Erdbahnradien und $0,01''$ ungefähr 20 000 000 Erdbahnradien. Wollten wir diese Strecke gar in Kilometern ausdrücken, so erhielten wir folgende Zahlen: 30 Billionen, 300 Billionen, 3000 Billionen Kilometer. Man hat in der Stellarastronomie verschiedene Entfernungseinheiten eingeführt, aber es kann als sicher gelten, daß sich die Astronomen im Laufe der Zeit alle auf das P a r s e c einigen werden, das ist d i e E n t f e r n u n g, d i e d e r P a r a l l a x e v o n e i n e r B o g e n s e k u n d e e n t - s p r i c h t.

Eine andere Entfernungseinheit, die meistens in populären Darstellungen angewandt wird, ist das L i c h t j a h r, das ist die Strecke, die das Licht in einem Jahr zurücklegt. Ein Parsec beträgt 3,26 Lichtjahre.

3. Die s c h e i n b a r e L i c h t s t ä r k e eines Sternes. Diese wird in „Größenklassen" ausgedrückt, 0., 1., 2. ... Größen-

klasse usw., worunter verstanden wird, daß ein Stern einer bestimmten Größe $2^1/_2$ (genauer 2,512) mal so viel Licht aussendet als ein Stern der folgenden höheren Größenklasse. Die „Größe" (Größenklasse) wird mit m bezeichnet, und so sendet uns ein Stern von der Größe 3^m $2^1/_2$ mal so viel Licht als ein Stern der Größe 4^m usw. Die Sterne, welche gerade noch von einem guten Auge erblickt werden, sind solche von 6^m. Die lichtschwächsten Sterne, die man überhaupt untersucht hat, sind 17—18^m, und mit dem gegenwärtig größten Instrument, dem im Jahre 1917 auf dem Mount Wilson aufgestellten großen Reflektor, kann man Sterne bis über 20^m hinaus photographieren. Die Größenklassen werden in Bruchteilen nach Zehnteln und Hundertsteln angegeben, und für Sterne, die heller als $0,0^m$ sind, hat man negative Größen eingeführt. Ein Stern der Größe — 1,0 ist somit $2^1/_2$ mal so hell als ein Stern, dessen Größe 0,0 ist, usw.

4. Das Sternspektrum. Die Sternspektren werden in einzelne Hauptklassen (Typen) eingeteilt. Wir werden in diesem Kapitel nur mit 3 Haupttypen arbeiten, Typ I, Typ II und Typ III, die der Hauptsache nach den weißen, gelben und roten Sternen entsprechen. Hierüber wollen wir etwas ausführlicher im folgenden Abschnitt sprechen.

B. Eigenschaften, die nur auf indirektem Weg bestimmt werden können oder wenigstens bisher nur auf indirektem Wege bestimmt worden sind. Die wichtigsten sind:

5. Der wirkliche Ort eines Sternes im Raum. Unter Punkt 1 sprachen wir von der s c h e i n b a r e n Lage eines Sternes am Himmel, unter 2 von seinem Abstand von uns. Es ist klar, daß, wenn wir diese beiden·Größen kennen, wir den Ort des Sternes im Raum — relativ zur Sonne — berechnen können.

6. Die **absolute Leuchtkraft** eines Sternes. Unter Punkt 3 sprachen wir von der **scheinbaren Lichtstärke — von unserem Standpunkt aus gesehen.** Nun ist klar, daß wir aus der scheinbaren Lichtstärke und dem Abstand von uns berechnen können, wie hell der Stern uns in irgendeinem andern Abstand erscheinen würde. Dies läßt sich mit einer äußerst einfachen Formel berechnen, da wir aus der Physik wissen, daß die scheinbare Helligkeit sich umgekehrt wie das Quadrat der Entfernung verhält. Wir können z. B. angeben, wie hell ein Stern uns erscheinen würde, wenn er sich im Abstand der Sonne von uns befände. Mit andern Worten, wir können die wirkliche Leuchtkraft — im Vergleich zur Sonne — angeben, und dieser Begriff, die **Leuchtkraft eines Sternes, ausgedrückt in Einheiten der Sonnenhelligkeit,** wollen wir die **absolute Leuchtkraft** nennen. Auch hierzu brauchen wir die Parallaxe des Sternes. Über ganz neue Methoden, die absolute Leuchtkraft der Sterne zu bestimmen, werden wir im nächsten Abschnitt sprechen.

In den stellarastronomischen Arbeiten braucht man jedoch meistens eine andere Methode, die absolute Helligkeit auszudrücken.

Wie man in wissenschaftlichen Abhandlungen stets von der „Größe" und niemals von der Helligkeit der Sterne spricht, so ersetzt man im allgemeinen auch die absolute Helligkeit durch die „**absolute Größe**", die definiert wird als die „Größe", unter der ein Stern erscheinen würde, wenn er mit unveränderter wirklicher Leuchtkraft in die Entfernung eines Parsec gebracht würde.

Es muß hier gleich bemerkt werden, daß die absolute Leuchtkraft bzw. absolute Größe eines Sternes keinesfalls ein direktes Maß für seine Dimensionen ist. Denn die Lichtmenge, die ein Stern aussendet, hängt nicht bloß von der Größe seiner Oberfläche, sondern auch vom physikalischen Zustand des Sternes ab, dem Spektraltypus.

*　*　*

Welche Bedeutung dem Begriff Sternparallaxe in der Astronomie zukommt, ist im vorigen hinreichend klargemacht worden. Wir erwähnten schon, daß man bisher nur sehr wenige Sternparallaxen mit einiger Sicherheit kennt, im Vergleich mit der Zahl der Sterne mit bekannter Rektaszension und Deklination. Sicher bestimmt sind nur die größten Parallaxen, die dem kleinsten Abstand von der Sonne entsprechen, und sie gehören somit den Sternen unserer nächsten Umgebung an (siehe Tabelle S. 50).

In dieser Tabelle (nach *Eddington*: Stellar movements and the structure of the universe) werden die wichtigsten Daten für die nächsten Fixsterne wiedergegeben. Die Tabelle umfaßt alle bekannten Sterne, deren Parallaxe 0,20″ oder größer ist, d. h. alle bekannten Sterne, die sich innerhalb einer Kugel um die Sonne als Mittelpunkt und mit einem Radius von 5 Sternweiten oder ungefähr einer Million Erdbahnradien befinden. Stern 13 kam nach Herausgabe von *Eddingtons* Buch hinzu. Die Tabelle und die auf ihr beruhende Abb. 8 sind vor einigen Jahren angelegt worden und entsprechen daher nicht mehr ganz dem heutigen Stande unserer Kenntnisse. Doch spielt dies für uns hier keine Rolle.

Dies Verzeichnis von Sternen mit einer Parallaxe von über 0,20″ kann keinen Anspruch auf Vollständigkeit erheben. Mittels einer interessanten Überlegung, die aber zu schwierig ist, um hier wiedergegeben zu werden, kam *Eddington* zu dem Schluß, daß in unserem Kugelraum mit

einem Radius von einer Million Erdbahnhalbmesser außer
den 20 aufgeführten Sternen wahrscheinlich noch 10 andere
seien, die lichtstark genug sein müßten, daß man mit Hilfe
der bisher angewandten Methoden die Parallaxe bestimmt
haben könnte.

Tafel der nächsten Sterne.

Nr.	Name	m	p	L	Sp	Abstand von der Sonne in Kilometern
1	—	8.2	0,28″	0,010	III	110 Billionen
2	η Cassiopejae . . .	3,6·	0,20	1,4	II	154 ,,
3	ι Ceti	3,6	0,33	0,50	II	93 ,,
4	ε Eridani	3,3	0,31	0,79	II	99 ,,
5	—	8,3	0,32	0,007	II	96 ,,
6	Sirius	—1,6	0,38	48,0	I	81 ,,
7	Prokyon	0,5	0,32	9,7	II	96 ,,
8	—	7,6	0;40	0,009	III	77 ,,
9	—	8,9	0,20	0,011	III	154 ,,
10	—	9,2	0,20	0,008	—	154 ,,
11	α Centauri . . .	0,3	0,76	2,1	II	40 ,,
12	—	9,3	0,27	0,004·	II	114 ,,
13	—	9,6	0,50	0,00091	III	61 ,,
14	—	8,8	0,29	0,006	II	106 ,,
15	σ Draconis . . .	4,8	0,20	0,5	II	154 ,,
16	α Aquilae	0,9	0,24	12,3	I	128 ,,
17	61 Cygni	5,6	0,31	0,10	II	99 ,,
18	—	4,7	0,28	0,25	II	110 ,,
19	—	9,2	0,26	0,005	—	118 ,,
20	—	7,4	0,29	0,019	III	106 ,,

Die verschiedenen Spalten der Tabelle bedeuten:

1. Nummer des Sternes.
2. Name des Sternes.
3. „Größe" des Sternes, in Größenklassen.
4. Parallaxe in Bogensekunden.
5. Absolute Lichtstärke (Sonne = 1).
6. Spektraltypus.
7. Ungefähren Abstand von der Sonne in Kilometern.

In Abb. 8 haben wir eine Darstellung der räumlichen
Anordnung der 20 Sterne der Tabelle vor uns. In allen
3 Abbildungen hat man sich das Sonnensystem im Mittelpunkt
des kleinen Kreises zu denken. Die untere Abbildung
stellt die Nachbarschaft der Sonne, vom Nordpol der Milch-

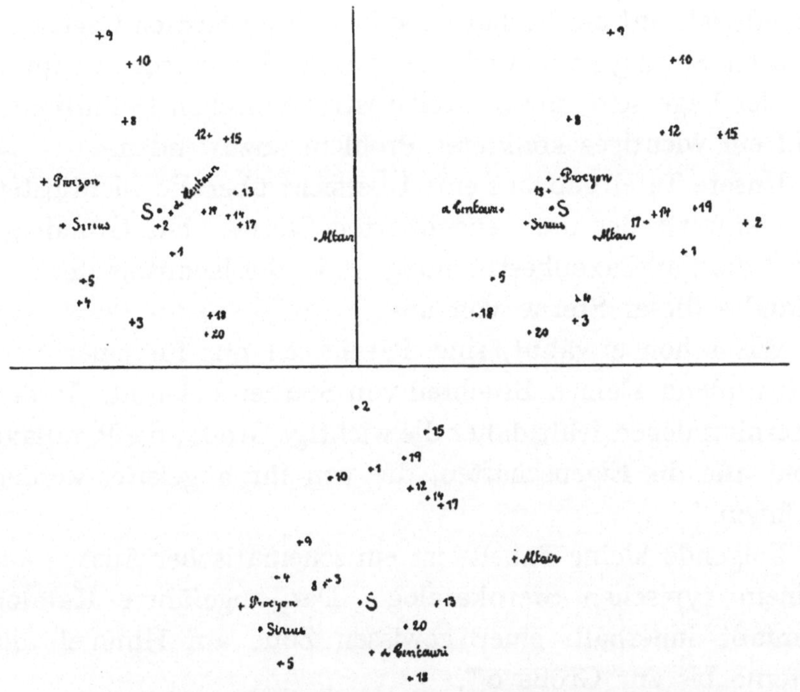

Abb. 8. Die nächste Umgebung des Sonnensystems.

straße aus gesehen, dar, die beiden oberen geben uns die-
selbe Sterngruppe in zwei Querschnitten senkrecht zueinander und zur Milchstraßenebene. Die Nummern auf den
Zeichnungen sind die Sternnummern in der Tabelle, und
die Größenverhältnisse sind so gewählt, daß der Abstand
der Erde von der Sonne in der gleichen Skala durch $^1/_{25000}$
Millimeter dargestellt sein würde.

Es ist recht interessant, so an Hand einer Zeichnung sich die nächste Umgebung der Sonne vor Augen zu führen, und es ist noch keine lange Reihe von Jahren her, seitdem dies möglich geworden. Wir werden jedoch sehen, daß unsere Tabelle uns nicht nur zeigt, wie es in unserer Nachbarschaft aussieht, sondern auch imstande ist, auf die Verhältnisse in weit entfernten Gegenden unseres Sternsystems Licht zu werfen. Wir werden dadurch in der Lage sein, unsere stellarastronomischen Definitionen auf ein wichtiges konkretes Problem anzuwenden.

Unsere Tafel gab uns eine Übersicht über die wichtigsten Zahlenwerte der uns benachbarten Sterne. Die Grundlage war die Parallaxenbestimmung, d. h. die Kenntnis des Abstandes dieser Sterne von uns.

Wie schon erwähnt, sind Parallaxen nur für einen verschwindend kleinen Bruchteil von Sternen bekannt. In den Sternkatalogen fehlt daher die wichtige Größe: die Parallaxe und alle die Eigenschaften, die von ihr abgeleitet werden können.

Folgende kleine Tabelle ist ein schematischer Auszug aus einem typischen Sternkatalog. Der angeführte Katalog umfaßt innerhalb einer gewissen Zone am Himmel alle Sterne bis zur Größe 9^m.

Nr.	m	α			δ		
2601	8,5	6^h	17^m	$58,70^s$	$+ 33°$	$11'$	$34,8''$
2602	7,5	6	18	13,01	$+ 34$	4	42,3
2603	9,2	6	18	23,06	$+ 30$	0	51,9
2604	9,3	6	18	30,78	$+ 35$	2	37,3
2605	8,8	6	18	55,40	$+ 31$	7	44,5

Die existierenden Sternkataloge geben also Größe und genaue Position am Himmel für mehrere hunderttausend

Sterne an. Außerdem kennt man durch den „Henry Draper-Katalog" vom Harvard-Observatorium die Spektraltypen von etwa 105 000 Sternen, und binnen kurzem dürfte diese Zahl auf 222 000 gestiegen sein.

Aber die Parallaxen fehlen!

Im Gegensatz zur Kenntnis von Größen, Spektren und Positionen der Sterne ist es um unser direktes Wissen von der wirklichen Verteilung der Sterne im Raum und ihre absoluten Leuchtkräfte schlecht bestellt. Wenn wir trotzdem uns heute schon bestimmte Vorstellungen von Gestal- und Ausdehnung unseres Sternsystemes machen dürfen, so verdanken wir dies indirekten Schlußfolgerungen. So z. B. hat man die Sternzahlen bis zu den verschiedenen Größenklassen und nach verschiedenen Himmelsrichtungen aufgestellt. Wenn wir annehmen, daß die scheinbare Helligkeit der Sterne im Mittel ein Maß für ihren Abstand ist, so daß die lichtschwächsten Sterne im allgemeinen die entferntesten sind, so kann man u. a. auf diesem Wege sich ein Bild von Form und Ausdehnung unseres Sternsystems machen.

Aber wir werden sehen, wie vorsichtig man mit dergleichen Verallgemeinerungen sein muß.

Die Annahme, daß die scheinbare Helligkeit der Sterne ein Maß für ihre Entfernung darstelle, ist wohl der Hauptsache nach richtig, solange wir mit einer sehr großen Sternzahl operieren, so daß wir nur von Mittelwerten sprechen. Aber diese Methode würde völlig versagen, wollte man sie auf den einzelnen Fall anwenden. Denn die scheinbare Helligkeit eines Sternes hängt nicht nur von seiner Entfernung von uns, sondern auch von seinen Dimensionen und seiner physischen Beschaffenheit (Farbe, Spektraltyp, Entwicklungsstadium) ab.

Und so kommen wir zu einem Punkte, zu dem man auf Grund statistischer Mittelwertuntersuchungen der Sternkataloge kommen kann — und auch früher‑gekommen ist — und wo man sich ganz falsche Vorstellungen von den Verhältnissen in unserem Sternsystem gemacht hat.

Das ist die Frage nach der relativen Häufigkeit der Sterne der verschiedenen Spektralklassen. Wenn man nach den Sternkatalogen eine Statistik der Häufigkeit der verschiedenen Spektraltypen aufstellt, kommt man zu dem Resultat, daß die Sterne vom III. Typus nur $^1/_{15}$ der Gesamtzahl ausmachen. Dagegen weist unser kleines Verzeichnis der nächsten Sterne etwa $^1/_3$ bis $^1/_4$ der Sterne vom III. Typus auf! Ferner zeigen die Kataloge von der Unterabteilung des I. Typus, die auch in unserer Tabelle vertreten ist, die gleiche Zahl wie von den Sternen vom II. Typus, während unsere Tabelle in den Sternzahlen das Verhältnis 1 zu $5^1/_2$ aufweist!

Was hat das zu bedeuten? Hat der kleine Sternkomplex in der Nähe unserer Sonne ein anderes Mischungsverhältnis als das normale? Nein! Wir haben keine Veranlassung, anzunehmen, daß die nächsten Sterne eine besondere Auswahl darstellen. Die Erklärung ist aber sehr einfach und beruht auf den Eigentümlichkeiten der S t e r n‑ k a t a l o g e. Der Typus I bildet die weißen und absolut hellen Sterne, Typus III die roten und im Mittel absolut schwachen Sterne. Das heißt, daß die Sterne vom ersten Typus auch noch in großem Abstande gesehen werden, während wir vom III. Typus im Mittel nur die uns nahe stehenden Exemplare erblicken. Das heißt mit anderen Worten, wenn wir eine Zusammenstellung von Sternen b i s z u e i n e r b e‑ s t i m m t e n G r ö ß e n k l a s s e ausführen, so treten die weißen Sterne in einer größeren, die roten in einer geringeren

Anzahl auf, als ihrem wahren Mischungsverhältnis im Raume entspricht. Sternkataloge sind nun alle mehr oder weniger Zusammenstellungen bis zu einer bestimmten Größenklasse, während unsere Tabelle nach den direkten Entfernungsbestimmungen angelegt ist, und wir dürfen daher glauben, daß diese Tabelle mit ihren nur 20 Sternen ein besseres Bild von den Verhältnissen in unserem Fixsternsystem zu geben imstande ist als die Kataloge mit ihren Hunderttausenden von Sternen.

II.

Im vorigen Abschnitt haben wir die astronomischen Begriffe besprochen, die vom scheinbaren Ort der Fixsterne am Himmel und von ihrer wirklichen Lage im Raum handeln. Ferner sprachen wir von der absoluten und scheinbaren Helligkeit der Sterne und berührten auch die Frage von den Spektraltypen.

Das vorliegende Kapitel soll von der scheinbaren Verteilung der Sterne am Himmel, von ihren Eigenbewegungen und ihren Massen handeln. Wir wollen auch etwas tiefer auf ihre physikalischen und chemischen Eigenschaften eingehen und kurz die modernen stellarastronomischen Methoden beleuchten, die der Lösung des astronomischen Hauptproblems dienen, der Frage nach dem Bau unseres ganzen Sternsystems.

* * *

Die älteste Methode, die r ä u m l i c h e V e r t e i l u n g d e r S t e r n e z u b e s t i m m e n, geht auf *William Herschel* zurück. Sie beruht auf einer Zählung der Sterne verschiedener Helligkeiten und in verschiedenen Himmelsgegenden.

Unter der Annahme, daß die scheinbare Helligkeit der Sterne im g r o ß e n g a n z e n ein Maß für ihren Abstand sei, erhalten wir nun eine bestimmte Vorstellung von der wahren

Verteilung der Sterne im Raume. Daß eine solche Hypothese im Einzelfall zu falschen Resultaten führt, wissen wir aus dem vorigen Kapitel, aber es besteht kein Zweifel darüber, daß sie statistisch verwandt werden kann, wenn man es mit einer sehr großen Zahl von Sternen zu tun hat.

Wilhelm Herschels Untersuchungen wurden fortgesetzt von *John Herschel*, *W. Struve* und *O. Struve* und Anderen. Die Hauptresultate dieser älteren Untersuchungen sind vor allem diese beiden: 1. Die Sterne ordnen sich im wesentlichen symmetrisch zur Mittelebene der Milchstraße an. 2. Aus der Geschwindigkeit, mit der bei abnehmender Helligkeit die Sternzahlen zunehmen, konnte man für den uns umgebenden Teil des Sternsystems Form und Ausdehnung annähernd angeben.

Die Untersuchungen wurden später vor allem von *v. Seeliger* und *Kapteyn* fortgesetzt, teilweise unter Verwendung anderer und neuer Beobachtungsresultate.

Die Bewegungen der Sterne.

1. Eigenbewegung. Alle Sterne bewegen sich im Raume, jeder mit einer ihm eigenen Geschwindigkeit. Eigenbewegung (abgekürzt E. B.) nennt man seine scheinbare Bewegung an der Himmelskugel, wie sie von uns aus erscheint. Sie wird dadurch bestimmt, daß man die Positionen eines Sternes (nach Rektaszension und Deklination) zu verschiedenen Zeiten miteinander vergleicht. Sie wird in Bogensekunden pro Jahr ausgedrückt. Wegen der großen Entfernungen der meisten Sterne von uns ist sie in den meisten Fällen so klein, daß für ihre Feststellung Jahrtausende oder noch größere Zeiträume nötig wären. Die größte bekannte Eigenbewegung beträgt etwa 10 Bogensekunden (also im Jahr).

2. **Radialgeschwindigkeit.** Mittels des Spektroskopes kann man die Bewegung eines Sternes **auf uns zu** oder **von uns weg** bestimmen, d. h. seine Bewegung in der Gesichtslinie.

Die Messung beruht auf dem sog. Dopplerschen Prinzip, das aussagt, daß die Bewegung einer Lichtquelle **auf uns zu** eine Verschiebung der Spektrallinien nach der **violetten**, eine Bewegung **von uns fort** eine Verschiebung nach der **roten** Seite des Spektrums hervorruft. Die Radialgeschwindigkeit wird in Kilometern pro Sekunde gemessen. Die Bewegung von uns fort wird positiv (Vorzeichen +), auf uns zu negativ (—) gerechnet. Die Beobachtungen ergeben

Abb. 9. Die Beziehung zwischen Eigenbewegung, Radialgeschwindigkeit, Entfernung und Bewegungsrichtung.

die Radialgeschwindigkeit relativ zum Beobachter auf der Erde. Um die Geschwindigkeit relativ zur **Sonne** zu erhalten, muß man die Bewegung der Erde, die wir jeden Augenblick kennen, rechnerisch anbringen.

Wenn wir nun von einem Stern Eigenbewegung und Radialgeschwindigkeit kennen, ist uns dann auch seine wahre Bewegung im Raum relativ zum Sonnensystem bekannt? Nein!

Betrachten wir Abb. 9. *S* ist die Sonne, der Winkel *a S b* bezeichnet die E. B., d. h. den Bogen am Himmel, den der Stern scheinbar in einem Jahr zurücklegt. Die Eigenbewegung sagt bloß aus, daß der Stern sich im Laufe eines Jahres von irgendeinem Punkt der Gesichtslinie *S a* auf einen Punkt der Linie *S b* fortbewegt hat. Haben wir nun auch die Radialgeschwindigkeit (umgerechnet in Kilometer pro J a h r) gemessen, so bedeutet dies, daß der Stern in der Gesichtslinie im Laufe eines Jahres um eine gewisse Strecke wandert, z. B. das Stück BC o d e r $B_1 C_1$ o d e r $B''C''$ o d e r irgendeine andere Strecke der Länge BC. Fassen wir Eigenbewegung und Radialgeschwindigkeit zusammen, so wissen wir nur, daß der Stern während eines Jahres um das Stück AC oder $A_1 C_1$ oder $A''C''$ oder irgendein anderes Stück von der Linie Sa nach Sb gewandert ist, wenn nur die Strecke BC der Länge nach erhalten bleibt. Wir sehen, daß wir eine unbegrenzte Zahl von Bewegungsmöglichkeiten haben, sowohl für d i e w a h r e R i c h t u n g als für die w a h r e Geschwindigkeit.

Aber wenn wir außer der Eigenbewegung und Radialgeschwindigkeit noch die E n t f e r n u n g (Parallaxe) des Sternes kennen; so ersehen wir sofort aus der Abbildung, daß wir nun seine wahre Bewegung nach Richtung und Größe bestimmt haben.

Überhaupt erkennen wir aus der Abbildung den allgemeinen Satz, daß, wenn wir von den v i e r Größen: Eigenbewegung, Radialgeschwindigkeit, Parallaxe und wahre räumliche Bewegung des Sternes d r e i kennen, w i r d i e v i e r t e b e r e c h n e n k ö n n e n.

Der typischste Spezialfall dieses Satzes ist der schon angedeutete, wo man die Eigenbewegung, Radialgeschwindigkeit und Parallaxe kennt (was oft der Fall ist). Man kann dann die wahre Bewegung des Sternes vollständig bestimmen. Aber es gibt noch einen Spezialfall obigen Satzes, der in der modernen Stellarastronomie eine äußerst wichtige Rolle gespielt hat.

Unter den Sterngruppen, welche die Stellarastronomie der Gegenwart besonders interessieren, finden sich auch die Sterngruppen mit gemeinsamer Bewegung (moving clusters). Das sind Gruppen von einer Anzahl Sterne mit einer solchen ·Bewegung, die nicht daran zweifeln läßt, daß die Sterne irgendwie organisch zusammengehören. Unter diesen Gruppen befinden sich unter anderem die Hyaden. Der amerikanische Astronom *Lewis Boss* zeigte 1908, daß eine große Zahl der Hyadensterne eine gemeinsame systematische Bewegung besitzt. Abb. 10 stellt dieses Verhälten dar.

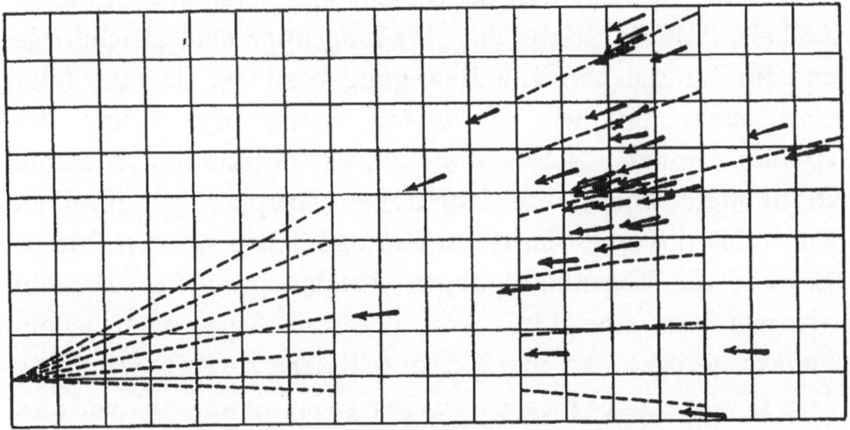

Abb. 10. Die Eigenbewegung der Hyaden.

Die Pfeile geben die beobachteten Eigenbewegungen für 41 Hyadensterne, und ein Blick auf die Abbildung läßt erkennen, daß alle diese Pfeile auf einen und denselben Punkt weisen. Diese regelmäßige scheinbare Bewegung der Hyadensterne konnte nun auf zweierlei Weise erklärt werden. Entweder strömen die Sterne wirklich auf einen Punkt im Raume hin, oder sie haben eine parallele Bewegung im Raume (mathematisch ist letzteres zwar nur ein Spezialfall des ersteren, denn bei paralleler Bewegung treffen sich alle Sterne in einem Punkt, der unendlich weit entfernt liegt). Daß eine solche den Sternen innewohnende Parallelbewegung gerade diesen Effekt hervorrufen muß, eine scheinbare Wanderung nach einem gemeinsamen Punkt am Himmel (einem unendlich abgelegenen Punkt im Raume), geht ohne weiteres aus der Analogie mit einer Anzahl paralleler Eisenbahngleise hervor, die in der Ferne in einen Punkt zusammenzulaufen scheinen. Die Annahme, daß die Sterne einer Gruppe alle auf einen Punkt im Endlichen wirklich zusammenlaufen sollten, muß als äußerst unwahrscheinlich betrachtet werden, und so besteht eigentlich nur die Möglichkeit, daß die Sterne der Hyadengruppe eine gleichartige und im Raume parallele Bewegung besitzen. Daraus folgt aber auch, daß wir die wahre Bewegungsrichtung der Hyaden kennen. Nehmen wir an, wir betrachten an einem sternklaren Abend die leuchtende Gruppe der Hyaden. Ein Stück davon entfernt am Himmel haben wir den Punkt, in dem die Eigenbewegungen zusammenlaufen. Denken wir uns nun eine Linie von unserem Auge nach jenem Punkte gezogen, so muß diese Linie der Bewegung der Hyadensterne parallel sein. Nun sind wir also am Ziel und kennen die wahre Bewegungsrichtung der Hyaden. Aber wir kennen auch ihre Eigenbewegungen, und zum Teil sind auch die Radialgeschwindigkeiten gemessen worden, und wir können somit ihre Parallaxen bestimmen. Dies ist eine der neueren Parallaxenmethoden; über andere werden wir noch später zu sprechen haben.

Die Bewegung des Sonnensystems unter den Fixsternen.

Um zu verstehen, wie man aus den Eigenbewegungen der Fixsterne auf eine Bewegung des Sonnensystems unter ihnen schließen kann, wollen wir uns zunächst zwei gedachte Spezialfälle überlegen.

Nehmen wir an, daß alle Fixsterne relativ zueinander in Ruhe seien und daß nur die Sonne unter ihnen eine Bewegung ausführe. Wie würden sich die Eigenbewegungen der Sterne am Himmel zeigen? Natürlich in folgender Weise: ein Stern, der in der Richtung von uns läge, gegen die die Sonne sich bewegt (der A p e x des Sonnensystemes), müßte am Himmel anscheinend still stehen. Ebenso ein Stern, der ihm diametral gegenüber läge (im A n t i a p e x), d. h. in der Richtung, aus der die Sonne kommt. Alle andern Sterne müßten im Laufe der Zeit sich am Himmel anscheinend v o m A p e x f o r t g e g e n d e n A n t i a p e x bewegen, natürlich mit verschieden großer „Eigenbewegung", je nachdem sie sich in geringerer oder größerer Entfernung von uns befinden.

Denken wir uns den entgegengesetzten Fall: Die Sonne stehe relativ zum Fixsternsystem in seiner Gesamtheit still, und alle anderen Sterne bewegten sich, ein jeder in seiner bestimmten Richtung und mit seiner Geschwindigkeit, ohne irgend eine erkennbare Gesetzmäßigkeit. Das Resultat hiervon wäre für uns: Die Eigenbewegungen der Sterne würden in völlig regellosem Durcheinander nach allen Richtungen erfolgen.

In W i r k l i c h k e i t aber liegen die Verhältnisse so: Die Fixsterne unseres Systemes bewegen sich alle, und auch die Sonne macht hiervon keine Ausnahme.

Das Resultat ist dann folgendes:

1. Die Sterne zeigen Eigenbewegungen nach allen möglichen Richtungen am Himmel, aber:

2. Es existiert eine gemeinsame Trift vom Apex zum Antiapex. Es ist ohne weiteres verständlich, daß man aus dieser systematischen Trift der Sterne die Lage von Apex und Antiapex bestimmen kann.

Es ist bekannt, daß der Zielpunkt der Sonnenbewegung im Sternbild des Herkules liegt. Aber es folgt auch aus dem Vorhergehenden, daß die Lage des Apex abhängig ist von dem Sternmaterial, dessen Eigenbewegungen benutzt wurden, und es kann nicht wundernehmen, daß man bei Verwendung verschiedenen Beobachtungsmateriales Apexwerte erhält, die nicht unerheblich voneinander abweichen (alle Bewegung ist relativ).

Ferner ist klar, daß man die Geschwindigkeit des Sonnensystems (in Kilometern pro Sekunde) erhält, wenn man den Rechnungen die Radialgeschwindigkeiten der Sterne anstatt der Eigenbewegungen zugrunde legt.

Die Massen der Sterne.

Unsere Kenntnis von den Massen der Sterne (zumeist in Sonnenmasse als Einheit ausgedrückt) beruht ausschließlich auf der Anwendung der Gesetze des Zweikörperproblems auf die Bewegungen in Doppelsternsystemen. Eines der Hauptresultate der Astronomie der Gegenwart ist der Satz, daß die Fixsternmassen in hohem Grade von der gleichen Größenordnung sind. Über die von *Eddington* gegebene Erklärung dieses Satzes, der lange Zeit ein großes Rätsel bildete, lese man den Aufsatz Scylla und Charybdis in diesem Buche.

Fixsternspektra.

In Abb. 11 sind die drei Haupttypen der Spektralklasseneinteilung von *Secchi* gegeben. Typ I entspricht ungefähr den weißen, II den gelben, III den roten Sternen. Die unter den Spektren angegebene Zahlenreihe bedeutet die Wellenlänge des Lichtes in Milliontel Millimetern an den betreffenden Stellen des Spektrums.

Die drei Typen werden hauptsächlich durch zwei Momente charakterisiert:

1. Die Farbenverteilung im Spektrum: Beim Typus III ist der blaue Teil sehr schwach, bei II tritt er bereits stärker hervor und bei Typ I sind alle Farben stark vertreten. Hiermit hängt natürlich auch die scheinbare Farbe der Sterne zusammen (rot, gelb, weiß). In der Abbildung konnten die Farben nicht wiedergegeben werden, nur die Schattierungen der Lichtstärke.

2. Das Aussehen der dunklen Spektrallinien und ihre Verteilung im Spektrum. Beim Typus I herrschen die Wasserstofflinien vor: $H\alpha$, $H\beta$, $H\gamma$, $H\delta$, eine Serie von Linien, die vom Wasserstoff erzeugt werden und die mit (von Rot nach Violett) ständig abnehmendem Abstand aufeinander folgen. Die in der Abbildung wiedergegebe-

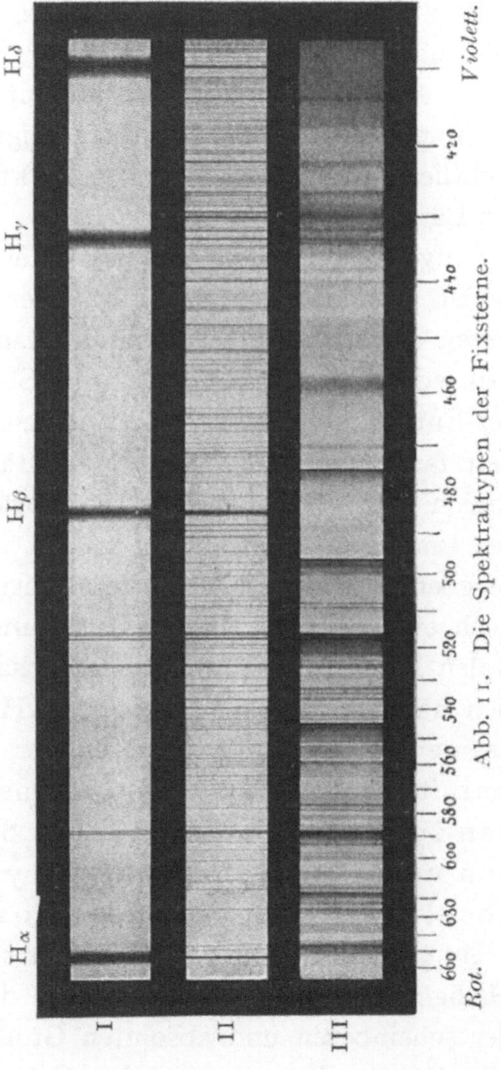

Abb. 11. Die Spektraltypen der Fixsterne.

nen Spektra geben ein Bild von dem, was wir mit dem Auge in einem visuellen Fernrohr sehen. Wenn die Sternspektren photographiert werden, so fehlt im allgemeinen das äußerste Rot auf der Platte, dagegen setzt sich das Spektrum jenseits des Blauvioletten fort. So fehlt hier $H\alpha$, doch kommen weitere Wasserstofflinien hinzu $H\varepsilon$, $H\zeta$ usw. Bei Typ II sind die Wasserstofflinien weniger ausgeprägt, und eine große Anzahl anderer Linien kommt hinzu (vor allem von Eisen und Kalzium). Typus III zeigt eine derartige Menge dichtliegender Linien, daß das Spektrum einer Reihe breiter, Bänder ähnelt.

Lange glaubte man, daß die unter 1 und 2 angegebenen beiden Momente — die Farbenverteilung und das Auftreten der Linien — vollständig Hand in Hand gingen, so daß jede Eigenschaft für sich die Stellung eines Sternes in der Entwicklungsreihe völlig charakterisiere. Aber in letzter Zeit fand man, daß diese Parallelität zwischen Farbe und Linien nicht völlig gewahrt ist. Zwar folgt das Verhalten der Linien im großen ganzen dem durch die Färbung angegebenen allgemeinen Entwicklungsgang, aber es kommt noch ein wichtiges drittes Kriterium hinzu, das die spektralen Eigenschaften eines Sterns charakterisiert. Es zeigte sich nämlich, daß die absolute Helligkeit eines Sternes gewisse Veränderungen in der Linienanordnung hervorruft, derart, daß aus gewissen Feinheiten in den Spektren verschiedener Sterne, die im übrigen vom gleichen Spektraltypus sind, auf ihre absolute Helligkeit geschlossen werden kann.

Im vorigen Kapitel haben wir die scheinbare und absolute Helligkeit definiert. Wir deuteten die Beziehung zwischen der scheinbaren und absoluten Größe und der Entfernung an. Wenn wir nun zwei der Größen kennen, so können wir die dritte berechnen. Früher handelte es sich immer darum, die absolute Größe aus der scheinbaren und der Parallaxe zu berechnen, aber durch die neuaufgefundenen spektralen Beziehungen, von denen wir soeben sprachen, hat die Astronomie einen neuen Weg zur Parallaxenbestimmung entdeckt. Wir messen die scheinbare Helligkeit eines Sternes, bestimmen aus dem Spektrum die absolute Leuchtkraft und berechnen aus diesen beiden Größen die Parallaxe.

Im Zusammenhang mit den hier behandelten Fragen stehen verschiedene stellarastronomische Begriffe, die in diesem Buche keine Rolle spielen werden: die photographische Größe eines Sternes und der Unterschied zwischen dieser und der visuellen Größe, d. h. der sog. Farbenindex, ferner die effektive Wellenlänge und die minimale Wellenlänge eines Sternes. Für das Studium dieser Dinge können wir z. B. *Newcomb-Engelmanns* „Populäre Astronomie", 6. Auflage (1921) empfehlen.

Veränderliche Sterne.

Unter den verschiedenen Arten von veränderlichen Sternen können wir zwei Hauptgruppen unterscheiden: die subjektiv Veränderlichen, bei denen die Lichtvariation nur scheinbar ist und nur auf der Stellung des Sternes zum Beobachter beruht (Bedeckungen bei Doppelsternen) und die objektiv (oder physisch) Veränderlichen, deren Lichtwechsel durch physische Veränderungen auf dem Stern selbst hervorgerufen wird. Zu den physischen Veränderlichen rechnet man heute meist die sog. Cepheiden, die neuerdings eine große Rolle gespielt haben, nachdem Miß *Leavitt* auf dem Harvard-Observatorium gefunden hatte, daß die Periode des Lichtwechsels dieser Sterne mit der absoluten Lichtstärke in

Zusammenhang stehe, so daß man aus Beobachtungen des Lichtwechsels die absolute Größe bestimmen konnte und hieraus wieder ihre Entfernung.

Literatur zu den veränderlichen Sternen: *Guthnick*, Die veränderlichen Sterne. Sonderheft des Sirius, 1916. *Guthnick* Das δ-Cephei-Problem. Naturwissenschaften 1918, Heft 49.

* * *

Diesen kurzen Bericht über einen Teil der wichtigsten Begriffe der modernen Stellarastronomie wollen wir mit einer zusammenfassenden Übersicht über die wichtigsten Methoden beschließen, die uns heutzutage zur Lösung des Problems zur Verfügung stehen, das im Augenblick als das Hauptproblem der Fixsternkunde bezeichnet werden kann: die Bestimmung einer möglichst großen Zahl Parallaxen, um, im Verein mit unseren Kenntnissen von der scheinbaren Lage der Sterne am Himmel, uns ein Bild vom Bau unseres Fixsternsystems zu machen.

Wir können die wichtigsten Parallaxenmethoden in fünf Hauptgruppen einteilen.

1. Die direkte — sog. trigonometrische — Methode, die in der direkten Messung der scheinbaren jährlichen Verschiebung eines Sternes relativ zu scheinbar nahestehenden, von denen man, jedenfalls in erster Näherung, annimmt, daß sie so weit entfernt sind, daß sie praktisch das ganze Jahr denselben Platz am Himmel einnehmen. Vgl. hierzu den vorigen Abschnitt. Diese jährliche Verschiebung kann entweder direkt mit Winkelmeßinstrumenten gemessen werden oder durch mehrmals im Jahre wiederholte photographische Aufnahmen derselben Himmelsgegend. Auf diesem Wege ist es bisher bloß gelungen, einige 100 Parallaxen zu bestimmen, und es besteht wenig Hoffnung, daß sie sich in wirklich großem Maßstabe anwenden läßt.

2. Die statistische Methode, die Entfernung einer größeren Gruppe von Sternen aus ihrer scheinbaren Helligkeit zu bestimmen. Vgl. S. 55—56.

3. Mit Hilfe einer gemeinsamen Bewegung der Sterne eines Stromes. Vgl. Hyadenproblem. Diese Methode liefert sehr genaue individuelle Parallaxen und verspricht in der Zukunft ein reiches Anwendungsgebiet.

4. Die statistische Methode auf Grund der Eigenbewegungen. Wir sprachen von der Einwirkung, welche die Bewegung der Sonne auf die Eigenbewegungen der Fixsterne ausübt. Die Sonnenbewegung spiegelte sich in einer ihr entgegengerichteten Trift der uns näher stehenden Sterne wieder. Diese Trift wird die parallaktische Bewegung der Sterne genannt. Da die Geschwindigkeit der Sonne bekannt ist, können wir für Sterne, deren Entfernung bekannt ist, die Größe dieser parallaktischen Bewegung berechnen. Umgekehrt könnten wir natürlich, wenn die Sterne stille ständen und nur die Sonne sich bewegte, aus der beobachteten Eigenbewegung, die hier mit der parallaktischen Bewegung identisch wäre, direkt auf den Abstand schließen. In Wirklichkeit ist unser Problem komplizierter, da die Sterne sich auch alle untereinander bewegen und deswegen die Eigenbewegungen aus einer Überlagerung der eigenen Sternbewegungen und der parallaktischen Bewegung bestehen.

Aber wir wissen, daß die parallaktische Bewegung in der Eigenbewegung einer größeren Anzahl von Sternen eine systematische Trift zum Ausdruck bringen muß, und deswegen ist der Gedankensprung nicht groß, wenn man umgekehrt aus einer beobachteten Trift auf eine durchschnittliche parallaktische Bewegung und damit auf Parallaxe und Entfernung schließt.

5. Die Methoden, bei denen man aus der anderweitig erschlossenen absoluten Lichtstärke die Parallaxe berechnet. Wir kennen die Beziehung, welche zwischen der absoluten Lichtstärke, der scheinbaren Lichtstärke und der Entfernung besteht; und die Berechnung der absoluten Lichtstärke aus der scheinbaren Helligkeit und dem Abstand ist eine altbekannte Operation in der Astronomie. Die Umkehrung dieses Gedankenganges ist das Kolumbusei des Parallaxenproblems: Kennen wir die scheinbare und die absolute Helligkeit, so haben wir die Parallaxe.

Wir sprachen im vorigen von zwei Anwendungen dieses äußerst einfachen Prinzipes. Das war bei den Spektraltypen und bei den veränderlichen Sternen vom δ-Cephei-Typus. Die Methode würde auch noch auf verschiedene andere Fälle angewandt.

Erst mit diesen neuen Methoden ist es möglich gewesen, zu einigermaßen sicheren Resultaten für die Entfernung der entlegensten Sterne und Sternanhäufungen unseres Milchstraßensystems oder gar für die Entfernung jener Sterngebilde zu kommen, die uns unter dem Namen Spiralnebel bekannt sind, und die man vielfach als fremde Milchstraßensysteme auffaßt. Dann kommt man noch zu gewaltigeren Zahlen.

Michelsons Methode zur Messung kleiner Winkelabstände am Himmel.

Im vorigen Kapitel sprachen wir von den modernen Methoden der Messung oder wenigstens Abschätzung der Entfernungen fremder Himmelskörper, die so weit entfernt sind, daß eine direkte Parallaxenmessung nach den bisher bekannten Methoden unausführbar erscheint.

In letzter Zeit hat man nun auf der Mount Wilson-Sternwarte in Kalifornien eine andere astronomische Messung unternommen, die eine gewisse Analogie mit dem Parallaxenproblem darstellt, insofern, als es sich auch hier darum handelt, äußerst kleine Winkel am Himmel zu messen. Der Unterschied ist aber: während man bei den Parallaxenmessungen im Augenblick wenigstens gezwungen ist, angesichts der Unmöglichkeit, die Winkelmessungen noch unter eine bereits erreichte Grenze herabzudrücken, zu indirekten Meßmethoden zu greifen, so hat man in dem Problem, wovon wir jetzt sprechen wollen, einen direkten Weg gefunden, in gewissen Fällen wesentlich kleinere Winkel zu messen, als bisher möglich war.

Es handelt sich hier um zwei Spezialfälle. 1. Den scheinbaren Abstand zwischen den Komponenten eines Doppelsternes zu messen, die einander so nahe stehen, daß wir sie mit den größten Fernrohren nicht trennen können. 2. Die scheinbaren Durchmesser der Fixsterne zu messen. Es handelt sich hier um hundertstel Bogensekunden oder noch kleinere Winkel.

Auf die neue Methode wurde von dem berühmten Professor für Experimentalphysik an der Universität Chicago *A. A. Michelson* hingewiesen, dessen Name u. A. durch den sog. Michelsonversuch bekannt ist, der einen der wichtigsten Ausgangspunkte der Relativitätstheorie von *Einstein* darstellt.

Michelsons astronomische Methode beruht auf einer physikalischen Erscheinung, die unter dem Namen I n t e r f e r e n z   d e s   L i c h t e s bekannt ist. Um die Methode zu verstehen, ist es nötig, daß wir einen Augenblick bei diesem Begriff verweilen.

Es ist allgemein bekannt, daß man das Licht als eine W e l l e n b e w e g u n g auffaßt. Wir wollen uns hier nicht auf eine nähere Beschreibung der Beschaffenheit dieser Wellenbewegung einlassen, wir

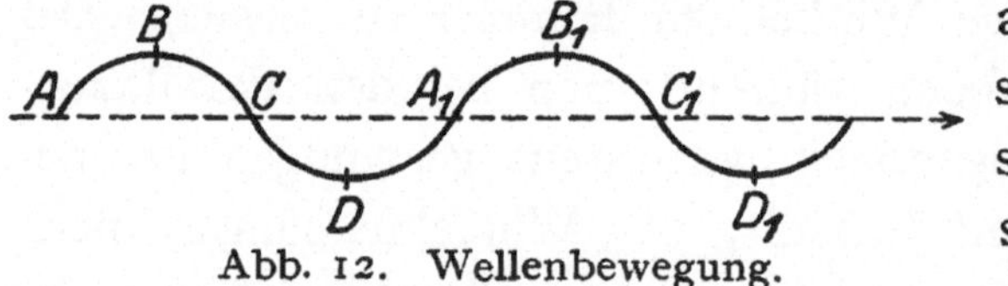

Abb. 12.   Wellenbewegung.

begnügen uns mit der Annahme, daß das Licht irgendeine Art Wellenbewegung i s t, und wir können deswegen auf das Licht gewisse Gesetze anwenden, die für jedwede Art von Wellenbewegung Geltung haben müssen.

Abb. 12 soll eine gewisse Form von Wellenbewegung illustrieren. Der Pfeil deutet die Richtung an, in welcher wir uns die Welle fortschreiten denken. Die Punkte BB_1 geben die größte Ausschwingung nach oben, die sog. Wellenberge, DD_1 die größte Ausschwingung nach unten, die Wellentäler, an. Die Strecke AA_1 (oder BB_1, CC_1, DD_1) heißt W e l l e n l ä n g e; die Strecke AC ist somit die h a l b e Wellenlänge. Die Wellenlänge bestimmt die A r t   d e r Wellenbewegung, beim S c h a l l d i e T o n h ö h e, beim L i c h t die F a r b e, so daß eine bestimmte Wellenlänge einem bestimmten Ton bzw. einer bestimmten Farbe entspricht. Der Abstand des Punktes B von der geraden Mittellinie heißt A m p l i t u d e der Welle und ist ein Ausdruck für die I n t e n s i t ä t der Wellenbewegung.

Was das L i c h t betrifft, so wissen wir, daß seine Wellenlängen äußerst klein sind. Man drückt sie entweder in Milliontel Millimetern ($\mu\mu$) oder in sog. Ångströmeinheiten ($^1/_{10}\,\mu\mu$) aus. In Abb. 11 (S. 63) geben die Zahlen unter den drei Sternspektren die Wellenlängen an verschiedenen Stellen der Spektren in $\mu\mu$ an.

Wenn wir uns nun den Begriff der I n t e r f e r e n z klarmachen wollen, so müssen wir uns vorstellen, daß das Medium, in dem die Welle fortschreitet, von z w e i Impulsen angeregt werde, die jeder für sich eine Wellenbewegung hervorrufen würde, und b e i d e s W e l l e n v o n d e r g l e i c h e n L ä n g e. Wenn die beiden Wellenzüge derart zusammenkommen, daß der Wellenberg der einen Welle mit dem Wellenberg der anderen Welle zusammenfällt, so verstärken sich die Impulse überall gegenseitig. Im Falle der Lichtbewegung haben wir: verstärkte Helligkeit. Wenn dagegen die beiden Wellen derart wirken, daß der Wellenberg der einen mit dem Wellental der anderen zusammenfällt, so schwächen sich die beiden Wellen überall, und wenn sie außerdem von der g l e i c h e n A m p l i t u d e sind, so löschen sie einander völlig aus. Beim Lichte haben wir also in diesem Falle: vollständige Dunkelheit.

Hierauf beruht die Lehre von der I n t e r f e r e n z d e s L i c h t e s, und so ist es nicht mehr unverständlich, wie man mit Hilfe von Interferenzen S t r e c k e n m e s s u n g e n vornehmen kann.

Denken wir uns einen Lichtstrahl (also eine Art Wellenbewegung); nehmen wir nun an, wir teilen diesen Lichtstrahl in z w e i (etwa derart, daß wir ihn teilweise durch ein Glas hindurchgehen lassen, teilweise an dessen Oberfläche reflektieren). Führen wir diese Strahlen nun wieder auf verschiedenen Wegen zusammen, so wissen wir jetzt, was für Erscheinungen hierbei auftreten werden. Treffen sie so zusammen, daß der Wellenberg der einen Strahlenhälfte mit dem Wellenberg der anderen Hälfte zusammentrifft (man sagt hier, der G a n g u n t e r s c h i e d beträgt eine gerade Zahl halber Wellenlängen), so verstärken sich die beiden Strahlen, und wir bekommen, wenn kein Licht unterwegs verlorenging, die gleiche Lichtintensität wie v o r d e r T e i l u n g. Beträgt dagegen der Gangunterschied eine u n g e - rade Anzahl halber Wellenlängen (dann fällt der Berg der einen mit dem Tal des anderen Strahles zusammen), so schwächen sich beide Strahlen und, wenn sie von der gleichen Intensität sind, so l ö s c h e n s i e s i c h völlig aus.

Das Resultat des Zusammentreffens der beiden Strahlen hängt also ganz von der Phasendifferenz ab, also von Strecken, die von der Größenordnung der Wellenlänge selbst sind. Und umgekehrt: D u r c h U n t e r s u c h u n g d e s I n - terferenzbildes können wir Strecken bestim- men, die von der Größenordnung der Wellen- längen sind, d. h. wenn wir mit dem Lichte ope- rieren, Strecken von außerordentlich kleinen Dimensionen.

Nun haben wir alles kennen gelernt, das zum Verständnis von *Michelsons* Methode nötig ist.

*　*　*

In Abb. 13 sehen wir ein astronomisches Objektiv (eine Linse) und seine optische Achse. Der Brennpunkt liegt in F (Fokus), und der senkrechte Strich in F zeigt die Brennebene an. *Michelson* setzt nun vor das Objektiv (also zwischen Gestirn und Glas) einen Schirm, in dem er zwei Öffnungen angebracht hat, und zwar in so großem Abstande voneinander, als die Größe der Linse es gestattet. Denken wir uns nun zwei Lichtbündel von einem und demselben Stern durch die beiden Öffnungen hindurchtreten, so treffen sie sich in der Brennebene. Die beiden Strahlen werden sich nun an bestimmten Stellen der Brennebene verstärken, dort nämlich, wo sie den gleichen Weg zurückgelegt haben oder um ganze Wellenlängen verschiedene Wege. In naheliegenden Punkten wird sich aber die Weglänge um $1/_2$ Wellenlänge unterscheiden, oder $3/_2$, $5/_2$ Wellenlängen usw., und wir sehen in der Brennebene ein Bild des Sternes, das aus einer Reihe kurzer heller

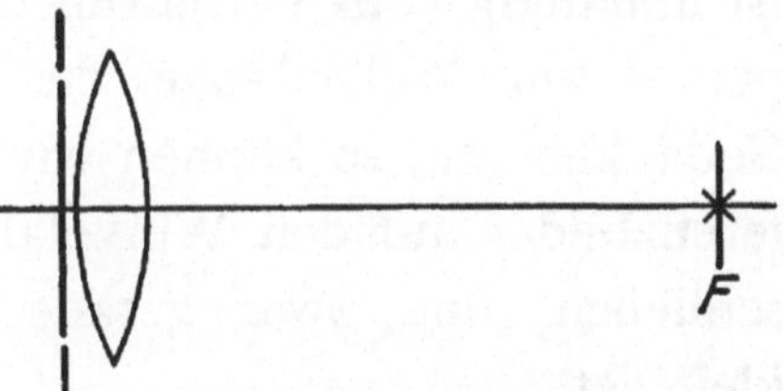

Abb. 13. Michelsons Versuchsanordnung zur Erzeugung von Interferenzbildern.

und dunkler Striche besteht. In der obigen Abbildung müßten diese Streifen senkrecht zur Zeichenebene liegen.

Nun kommen wir zur Hauptsache bei *Michelsons* Methode. Wir denken uns statt eines einfachen einen Doppelstern, und es falle die Verbindungslinie zwischen den beiden Doppelsternkomponenten mit der Verbindungslinie der beiden Schirmöffnungen zusammen. Der Einfachheit halber denken wir uns die Sterne gleich gefärbt. Liegen sie beide in großem Abstand voneinander, so sind die zwei Systeme von hellen und dunklen Streifen völlig voneinander getrennt. Stehen die Sterne aber eng beieinander, so fallen die beiden Streifensysteme teilweise zusammen. Ist der Abstand der beiden Sterne am Himmel gerade so groß, daß er in der Brennebene einem Gangunterschied von $^1/_2$ Wellenlänge entspricht (für die Lichtart, die in den Sternen vorherrscht), so fallen die hellen Streifen des einen in die dunklen Zwischenräume des anderen Systemes. Dies muß natürlich das Aussehen des Interferenzbildes verändern, und wenn gar noch beide Sterne gleich hell sind, so verschwinden die Streifen nahezu vollständig, und das ganze Bildchen ist gleichmäßig erleuchtet.

Mit anderen Worten: Das Aussehen des Sternbildchens ist abhängig vom Verhältnis des Winkelabstands des Sternpaares zur Wellenlänge des Lichtes. Kehren wir diesen Gedanken um, so können wir aus dem Aussehen der Interferenzbilder auf den Winkelabstand zwischen zwei Sternen schließen, und zwar gerade, wenn der Abstand äußerst klein ist.

Die Berechnung des Aussehens der Interferenzbilder ist eine schwierige mathematische Sache. *Michelson* hat die Berechnungen ausgeführt und gezeigt, wie das Aussehen des Interferenzbildes vom Abstand der beiden Sterne und dem Verhältnis ihrer Lichtstärken sowie dem Winkel zwischen den Verbindungslinien des Sternpaares und der Schirmöffnungen abhängt, und umgekehrt, wie man durch Untersuchung des Interferenzbildes sowohl den Winkelabstand (Distanz) zweier Sterne, wie die Richtung ihrer Verbindungslinie (Positionswinkel) und schließlich auch das gegenseitige Verhältnis ihrer Lichtstärken messen kann.

Wenn wir auch auf Einzelheiten nicht eingehen können, so geben wir (Abb 14), um dem Leser von der praktischen Anwendung der Methode einen Eindruck zu verschaffen, eine Reihe Bilder von Interferenzsystemen mit ihren hellen und dunklen Streifen unter verschiedenen Umständen.

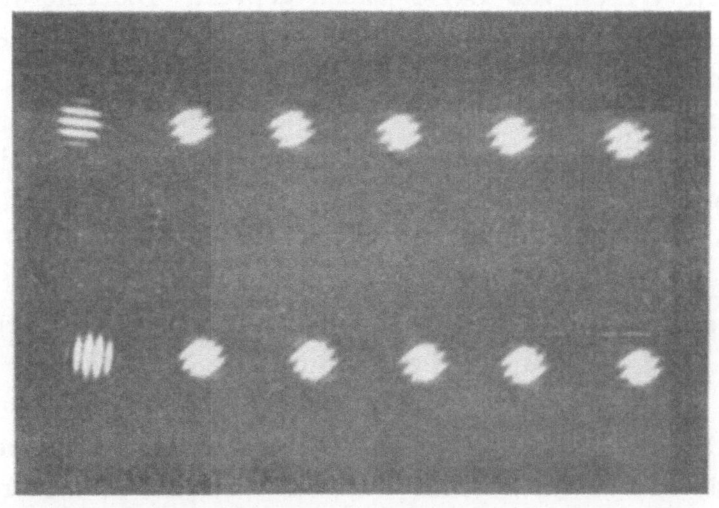

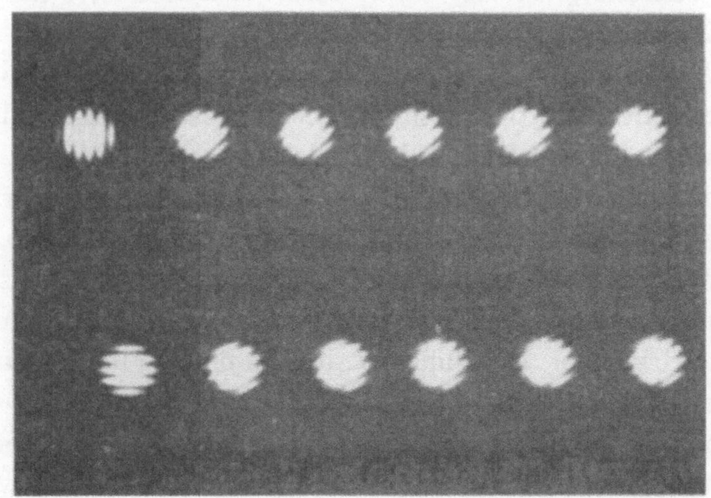

Abb 14. Interferenzbilder von Doppelsternen nach Michelson.

Im Winter 1919—1920 wurde die Methode auf dem Mount Wilson von Dr. *Anderson* geprüft. Die Anordnung der Apparatur war nicht ganz so, wie sie in unserer schematischen Zeichnung wiedergegeben ist, aber doch nach dem gleichen Prinzip.

Gegenstand der Untersuchung war der spektroskopische Doppelstern Capella, dessen zwei Komponenten einander so nahe stehen (etwa 0,05″), daß man sie im größten Fernrohr noch nicht getrennt sehen konnte. Das Resultat der Untersuchung war vielversprechend, und die Unsicherheit der Distanzmessungen betrug nur etwa 0,0001″.

*　*　*

Aber die Methode kann noch mehr leisten. Die Theorie zeigt, daß die Interferenzbilder eines Sternes in der Brennebene, wenn sein D u r c h m e s s e r eine bestimmte Grenze überschreitet, von der Größe dieses Durchmessers merklich beeinflußt werden müssen.

Und bereits vor einiger Zeit kam vom Mount Wilson die Nachricht über den ersten Versuch, einen Fixsterndurchmesser nach *Michelsons* Methode zu bestimmen, und zwar hatte man den bekannten Stern B e t e i g e u z e (α Orionis) vorgenommen. Der Durchmesser ergab sich zu 0,045″. Wir kennen aber auch die Parallaxe dieses Sternes und können so aus Entfernung und scheinbarem Durchmesser den wirklichen Durchmesser bestimmen. Für Beteigeuze ergab sich nun, daß er ein Stern von so gewaltigen Dimensionen ist, daß er, an Stelle der Sonne in unser Sonnensystem gesetzt, bis ungefähr zur Marsbahn reichen würde.

Das letzte Kapitel dieses Buches handelt von der Entwicklungsgeschichte der Sterne. Wir werden zeigen, wie man sich heute die Entwicklung eines Sternes denkt. Ein Fixstern beginnt seine Laufbahn mit dem Nebelstadium als ein Himmelskörper von gewaltigen Dimensionen (ein roter Riesenstern). Er entwickelt sich im Laufe der Zeit unter Zusammenziehung zu einem gelben und weißen Stern und später wieder zu einem gelben und roten von geringen Dimensionen und großer Dichte (einem roten Zwergstern). Daß Beteigeuze ein Riesenstern sei, wußte man schon lange, und die Anwendung von *Michelsons* Methode bildete nur eine glänzende Bestätigung für unsere Theorie von der Entwicklung der Sterne.

Beteigeuze ist also ein Riesenstern und befindet sich auf dem aufsteigenden Entwicklungsaste. Er wird in späteren Zeiten unter Zusammenziehung gelb und weiß werden — dann unter fortgesetzter Kontraktion gelb und wieder rot, bis er zuletzt verlischt.

Unsere Sonne ist bereits ein Zwerg. Das wissen wir aus ihrer hohen Dichte. Sie befindet sich auf dem absteigenden Aste. Sie ist gelb, wird rot werden und eines Tages erlöschen.

Und wann? Diese Frage kann die Theorie nicht beantworten, aber es dauert lange, sehr lange, so lange, daß w i r ruhig daran denken können, ohne einen Schüttelfrost zu bekommen.

Scylla und Charybdis.

Zur Entwicklungsgeschichte der Sterne.

Seit man für die Fixsterne die verschiedenen Spektraltypen aufgestellt hatte, erschien es selbstverständlich, daß diese Spektraltypen auch gewissermaßen die Entwicklungsgeschichte der Sterne repräsentierten.

Die *Secchi-Vogel*sche Einteilung operierte mit 3 Typen, den weißen (I), gelben (II) und roten (III) Sternen. Die mehr detaillierte neue Harvard-Klassifizierung, die jetzt allgemein gebräuchlich ist, braucht in der entsprechenden Reihenfolge die Bezeichnungen O B A F G K M. Beide Systeme gehen von den weißen (heißesten) aus und enden mit den roten (kühleren) Sternen.

*   *   *

Wie denkt man sich die Erklärung dieser Entwicklung? Hier, wie in allen kosmogonischen Problemen hat die sog. Nebularhypothese die Grundlage für unsere Vorstellungen von der Entwicklung der Sterne gebildet. Man denkt sie sich aus Gasnebeln entstanden und durch Wärmeausstrahlung und daraus folgende Kontraktion zu sehr hohen Temperaturen erhitzt, daß sie in diesem Stadium (als weiße Sterne) durch fortgesetzte Wärmeausstrahlung an Temperatur wieder abnehmen, um nach und nach alle Abkühlungsstadien zu durchlaufen, von den weißen bis zu den roten Himmelskörpern, um zuletzt zu verlöschen.

Eine wissenschaftliche Stütze hat diese Auffassung durch die berühmten Untersuchungen des Physikers *Lane* erfahren, der bewiesen hat, daß ein gasförmiger Himmelskörper durch Kontraktion Wärme erzeugt, und daß diese Wärmeerzeugung bei einem Körper von geringer Dichte die Wärmeausstrahlung überwiegt, die die Kontraktion verursachte, so daß der Körper i n f o l g e s e i n e r W ä r m e a u s s t r a h l u n g w ä r m e r u n d w ä r m e r w i r d. D. h. bis zu einer gewissen Grenze: Wenn der Körper sich so sehr zusammengezogen hat, daß er eine bestimmte, näher anzugebende Grenze erreicht, so wird die durch Kontraktion erzeugte Wärme geringer als die Wärmemenge, welche die Zusammenziehung verursachte, und daher muß man sich nun die Entwicklung notwendigerweise so denken: Fortgesetzte Kontraktion und beständige Abkühlung, bis schließlich das Endstadium erreicht wird, ein dunkler und kalter Körper. Bei der gesamten Entwicklung ist die Temperatur im Mittelpunkt am höchsten und an der Sternoberfläche am niedrigsten.

In der *Lane*schen Theorie liegt eigentlich der ganze Entwicklungsgang klar. Aber nun kommt das Merkwürdige. Bei allen Diskussionen der Entwicklungsgeschichte der Sterne, die sich auf das Studium der S p e k t r a l t y p e n gründeten, übersahen die Astrophysiker einen ganzen Ast der Entwicklungsgeschichte. Die weißen Sterne bedeuteten ihnen immer das Anfangs-, die roten das Schlußstadium.

Niemals war von etwas anderem die Rede als von einem A b k ü h l u n g s p r o z e ß. Jahrzehnte und Jahrzehnte dachte man folgendermaßen: weiße Sterne, gelbe Sterne, rote Sterne. Nie fragte man sich, was jenseits des weißen Stadiums liege.

Von unserem heutigen Standpunkt erscheint uns dies geradezu unbegreiflich. Und doch war es so. Ein einzelner

Mann, der Engländer *Norman-Lockyer*, versuchte einmal eine Diskussion über die Vorgeschichte der weißen Sterne ins Leben zu rufen. Aber er fand kein Gehör. Später regte *Ludendorff* in Potsdam wieder diese Frage an, aber erst in den letzten Jahren ist der entscheidende Umschwung gekommen.

Die Entdeckung von *Hertzsprung* und *Russell*, daß unter den Sternen zwei verschiedene Arten existieren, die Riesen und die Zwerge, mit dem wichtigen Zusatz, daß der Unterschied zwischen beiden Arten immer größer wird, je mehr wir uns in der Spektralserie den roten Sternen nähern, hat der richtigen Erkenntnis zum Sieg verholfen. Der Inhalt dieser Entdeckung kann der Hauptsache nach auf folgende Weise charakterisiert werden. Es gibt bei den verschiedenen Spektraltypen — insbesondere bei den roten Sternen — zwei Gruppen von sehr verschiedenen Dimensionen. Die eine Gruppe mit geringer Dichte und ungeheurer Ausdehnung, die andere mit Sternen großer Dichte und geringer Größe. Der Unterschied bezieht sich also auf die Dichte, nicht auf die Masse.

Diese Entdeckung paßt nun außerordentlich gut zu der Entwicklungsgeschichte der Sterne, die sich aus einer konsequenten Durchführung der *Lane*schen Theorie ergibt. Die Entwicklung eines Sternes beginnt mit dem Nebelstadium, bei außerordentlich geringer Dichte und riesigen Dimensionen. Mit fortschreitender Ausstrahlung steigt die Temperatur infolge der Kontraktion, und der Stern wird weißer. Diese Entwicklung schreitet fort bis zu dem Punkte, wo der Stern eine so große Dichte erreicht hat, daß die durch Kontraktion erzeugte Wärme nicht mehr mit der Ausstrahlung Schritt hält. Die Entwicklung kehrt um, und der Stern durchläuft — in umgekehrter Reihenfolge — dieselben Spektralstufen ein zweites Mal.

Sowohl im auf- wie absteigenden Aste finden wir alle Spektralklassen wieder; jeder Spektraltyp im aufsteigenden Aste repräsentiert einen Stern von geringer Dichte, im absteigenden Aste einen Stern von großer Dichte. Je näher wir dem roten Stadium kommen, desto größer wird der Unterschied zwischen den Sternen der beiden Entwicklungsäste.

* * *

Die *Lane*sche Theorie wurde in letzter Zeit durch den berühmten englischen Astronomen Prof. *Eddington* in Cambridge einer Revision unterzogen. Eine vollständige Darstellung dieser Untersuchungen *Eddingtons* in populärer Form zu geben, ist nicht möglich. Die Theorie ist in physikalischer wie mathematischer Hinsicht derart kompliziert, daß ein solcher Versuch von vornherein mißglücken muß. Auf der anderen Seite sind die Folgen, zu denen *Eddingtons* Theorie führt, so außerordentlich interessant, daß von diesem Gesichtspunkt aus in der modernen Astronomie kaum ein Gegenstück zu ihr existiert. Wir wollen daher im Folgenden versuchen, dem Leser eine Vorstellung von den Hauptpunkten der Theorie zu geben.

Unter den Modifikationen der alten Theorie, die sich bei *Eddingtons* Untersuchungen als nötig erwiesen, ist besonders eine, die eine entscheidende Rolle spielt. Die Grundlagen, auf denen die Theorie vom Zustand der Sterne aufgebaut worden war, waren hauptsächlich folgende: Die Gesetze von Licht- und Wärmestrahlung innerhalb eines Sternes und die Ausstrahlung von seiner Oberfläche, ferner gewisse aus der Physik bekannte Beziehungen zwischen Druck, Dichte und Temperatur einer Gasmasse und schließlich ein Gesetz für den Druck, welchen die äußeren Schichten eines Sternes wegen ihrer Schwere auf die darunterliegenden Schichten ausüben.

Während der Untersuchungen stellte es sich als notwendig heraus, einen ganz neuen Faktor in die Theorie einzuführen. Aus der modernen Physik ist bekannt, daß jede Strahlung einen gewissen Druck auf die Materie ausübt, auf welche sie trifft. Dieser sog. Strahlungsdruck ist um so größer, je stärker die Strahlung ist.

Es zeigte sich, daß dieser Strahlungsdruck im Innern dieser Sterne eine derartige Stärke erreichen muß, daß die gesamte Theorie von Grund auf geändert werden muß.

Wir fanden also unter anderem, daß im Inneren der Sterne, außer der gegen den Mittelpunkt gerichteten Schwerkraft, überall eine andere Kraft existiert, der Strahlungsdruck, der der Schwerkraft entgegenwirkt. Wir kommen später auf wichtige allgemeine Schlüsse zurück, die wir aus der Existenz dieser der Schwere entgegenwirkenden Kraft im Innern der Sterne ziehen können.

Auch von anderen Gesichtspunkten bedeutet *Eddingtons* Arbeit eine Umwälzung der alten Grundsätze. Nach der älteren Theorie sah man in der Zusammenziehung die einzige Wärmequelle für die Entwicklungsreihe der Sterne. Aus mancherlei Gründen kann es als sicher gelten, daß diese Wärmequelle nicht annähernd ausreicht, um die Entwicklung der Sterne zu erklären, und *Eddington* führt daher in seine mathematischen Entwicklungen einen neuen wärmeerzeugenden Faktor ein, der von der Masse des Sternes abhängt, aber dessen physikalische Ursache er unbestimmt läßt. Und fernerhin war es nötig, um die Betrachtungen auch auf die späteren Entwicklungsstadien der Sterne (den absteigenden Ast mit großer Dichte) anwenden zu können, die Theorie auch von einem anderen Gesichtspunkt aus umzubauen: Solange ein Stern sich im ersten Entwicklungsstadium befindet (mit geringer Dichte), konnte man die allgemeinen „idealen" Gasgesetze anwenden, die den Zusammenhang zwischen Druck, Dichte und Temperatur in höchst einfacher Weise ausdrücken. Für die Untersuchung der späteren Entwicklung hatte man kompliziertere Formeln einzuführen.

Die ganze Theorie ist, wie schon gesagt, von sehr verwickelter Beschaffenheit, und ein Teil der Konstanten, die in das Problem eingehen, mußten indirekt bestimmt werden, nämlich durch Vergleich zwischen Theorie und Beobachtungsresultaten der astronomischen Forschung in den letzten Jahren.

Aber als Entgelt dafür können wir seither aus der fertigen Theorie Schlußfolgerungen ableiten, die in höchst bemerkens. werter Weise mit einer ganzen Reihe moderner Beobachtungen übereinstimmen.

Um ein konkretes Beispiel zu geben, wollen wir zunächst nach *Eddington* einige der Resultate mitteilen, die er für einen Stern mit der anderthalbfachen Sonnenmasse und einer mittleren Dichte von $^1/_{500}$ des Wassers erhalten hat.

Höchste Temperatur (im Mittelpunkt
   des Sternes)   = 4 700 000 ° C.
Größte Dichte (im Mittelpunkt des
   Sternes)   = $^1/_9$ des Wassers.
Größter Druck (im Mittelpunkt des
   Sternes)   = 21 Millionen
                                        Atmosphären-
Auf halbem Wege zum Mittelpunkt
   beträgt die Temperatur   = 1 300 000 ° C.
Die Oberflächentemperatur   =   6500 ° C.

Von allgemeinen Resultaten der Theorie wollen wir folgende anführen:

1. Die höchste Oberflächentemperatur, die ein Stern erreichen kann, hängt allein von seiner Masse ab. Je größer die Masse ist, eine um so höhere Temperatur kann er erreichen. Die maximale Temperatur wird erreicht, wenn die Dichte 0,1 bis 0,5 der Wasserdichte beträgt.

2. Ein Stern, dessen Masse weniger als $^1/_7$ der Sonnenmasse beträgt, kann an seiner Oberfläche niemals die Temperatur von 3000° erreichen, die ungefähr die Grenze dafür darstellt, bei der ein Stern überhaupt sichtbar werden kann.

3. Solange ein Stern sich auf dem aufsteigenden Aste der Entwicklungsreihe befindet, ändert sich seine gesamte (absolute) Helligkeit sehr wenig, da die zunehmende Oberflächenhelligkeit fast genau die abnehmende Dimension kompensiert.

4. Nachdem ein Stern den Gipfel überschritten hat, nimmt seine Lichtstärke relativ schnell ab, da nun sowohl Dimension wie Oberflächenhelligkeit abnehmen.

5. Die Riesensterne haben im Mittel eine Lichtstärke, welche die der Sonne um das etwa 100-fache übertrifft.

6. Die Sonne hatte einstens eine Außentemperatur von 9000°; diese beträgt jetzt 6000° und befindet sich im Abnehmen.

7. Um die Temperatur der B-Sterne (15 000°) zu erreichen, ist etwa die $2^1/_2$ fache Sonnenmasse nötig.

8. Zwischen den Riesen und den Zwergen vom M-Typus besteht ein Unterschied von etwa 9 Größenklassen in absoluter Helligkeit.

Der unter 2. angeführte Satz ist besonders interessant. Die Theorie zeigte, daß ein Himmelskörper eine gewisse Minimalmasse besitzen muß, um während seiner Entwicklung jemals eine Temperatur zu erreichen, die ihn zu einem sichtbaren Stern macht.

Was wir heute aus Beobachtungen über Sternmassen wissen, bestätigt dieses Resultat. Aber wir wissen noch mehr. Eines der interessantesten Ergebnisse der modernen Forschung ist dieses: die alte Vorstellung, daß unter den bekannten Sternen alle möglichen Massenwerte vorkommen, hat sich als völlig irrig erwiesen. Wenn wir am Himmel Sterne mit äußerst verschiedener scheinbarer Lichtstärke feststellen, so beruht dies teilweise darauf, daß diese Sterne eine sehr verschiedene Entfernung von uns besitzen, teilweise darauf, daß sie sich in verschiedenen Entwicklungszuständen befinden. Die Stern m a s s e n dagegen scheinen von bemerkenswert gleichartiger Größe in unserem ganzen Sternsystem zu sein. Das ist ein auffallender Satz, und man hat viel darüber nachgedacht, wie er zu erklären wäre.

Eines haben wir aus vorigem ersehen: Wenn ein Himmelskörper eine Masse hat, die unter einer gewissen Grenze liegt, so kann seine Oberfläche niemals eine Temperatur erreichen, die ihn als Stern sichtbar werden läßt. Und so können wir verstehen, wie es kommt, daß für die Sternmassen eine untere Grenze existiert, obwohl diese Grenze schließlich nur scheinbar ist. Es steht uns natürlich frei, uns d u n k l e Sterne zu denken, so klein wir nur wollen.

Aber wie steht es um die *obere* Grenze der Sternmassen?

Eddingtons Theorie gibt hier die Antwort, daß diese obere Grenze nicht nur notwendig existiert, sondern daß sie auch, im Gegensatz zur unteren Grenze, reell ist. Sterne mit einer Masse, die das tausendfache der Sonnenmasse betrüge, existieren nicht — und k ö n n e n n i c h t e x i s t i e r e n!

Wir sahen aus dem vorigen, daß wir in der neuen Theorie der Physik der Sterne mit dem Strahlungsdruck zu rechnen haben, einer Kraft, die überall im Innern des Sternes der Schwere entgegenwirkt.

Unter Anwendung der Formeln für den aufsteigenden Entwicklungsast — und auf den kommt es hier an — hat *Eddington* eine zahlenmäßige Untersuchung über die Stärke dieser Kraft im Vergleich mit der Schwerkraft ausgeführt. Er berechnet die Größe der Kraft für einen „Stern", dessen Masse nur 10 g beträgt, und findet, daß der Strahlungsdruck im Verhältnis zur Schwerkraft völlig verschwindet. Er wiederholt die Rechnung für eine Masse von 100 g, 1000 g — oder wie man mathematisch sagt 10^2 g, 10^3 g usw. Erst bei Massen von 10^{33} g wird der Strahlungsdruck so groß, daß er $^1/_{10}$ der Schwerkraft beträgt. Gehen wir aber auf 10^{35} g, so wird der Strahlungsdruck so groß, daß er $^4/_5$ der Gravitation aufhebt. Das heißt aber mit anderen Worten: Ein Stern von solcher Größe ist sehr wenig stabil. Der Gravitation wirkt eine Kraft entgegen, die den Stern in Stücke zu sprengen bestrebt ist. Es ist also nur eine kleine Kraft nötig — beispielsweise eine durch Rotation erzeugte Zentrifugalkraft — um den Stern wirklich zu sprengen. Und nun kommt das allerwichtigste: Massen von 10^{34} g bis 10^{35} g das sind Massen, die 5 bis 50 mal so groß sind — als die der Sonne. Hier nähern wir uns der oberen Grenze!

Also, auf der einen Seite: damit wir einen Stern sehen können, muß er eine Masse haben, die zum mindesten $^1/_7$ der Sonnenmasse beträgt, und auf der anderen Seite, wenn wir zu Massen gelangen, die ein hohes Vielfaches der Sonnenmasse sind, so können derartige Sterne nicht mehr existieren. Das heißt mit anderen Worten, wenn die Theorie *Eddingtons* richtig ist, müssen die Massen der sichtbaren Sterne zwischen zwei Grenzwerten eingeschlossen sein, die auf der einen Seite ein gewisser Bruchteil, auf der anderen ein gewisses Vielfaches der Sonnenmasse sind. Der Spielraum zwischen diesen beiden Grenzen ist nicht eben groß, und das Ganze paßt vollkommen zu dem, was wir aus neueren Beobachtungen über die Massen der sichtbaren Sterne wissen.

Machen wir zum Schluß noch ein kleines Gedankenexperiment.

Nehmen wir an, daß diese beiden Grenzen der Sternmassen, die eine, welche die Massen der sichtbaren Sterne nach unten abgrenzt und die andere, welche die größte Masse angibt, bei der ein Stern überhaupt existieren kann, einander näher lägen — oder gar, daß diese beiden Grenzen zusammenfielen!

Dann wäre unser Firmament dunkel geblieben. Uns Menschen hätte das nicht gestört, denn wir hätten natürlich niemals existieren können. Aber für die Sterne hing es an einem Haar, daß es ihnen glückte, sich am Himmel zwischen dieser Scylla und dieser Charybdis hindurchzubugsieren!